计算机技术入门丛书

Experiment and Training Course of Artificial Intelligence and Data Processing Fundamentals

人工智能与数据处理基础
实验实训教程

张承德 杨璠 ◎主 编
朱平 蔡燕 马霄 张志 王倩 ◎副主编

清華大學出版社
北京

内 容 简 介

本书为《人工智能与数据处理基础》(ISBN：9787302576068)的实验实训教程，实例丰富、针对性强、实用性强。本书以智能数据分析技术及其应用路线为核心，通过翔实的案例和习题，介绍数据存储设计与Access数据库管理、数据存储中的表与关系、查询、数据分析语言——Python、数值数据智能分析技术、文本数据智能分析技术和人工智能数据分析方法。

本书可以作为"新文科"与"新工科"建设背景下全国高等院校的人工智能和数据处理通识课的实验实训教材，也可以作为人工智能的普及读物供广大读者自学或参考。

图书在版编目(CIP)数据

人工智能与数据处理基础实验实训教程/张承德，杨璠主编. —北京：清华大学出版社，2021.3(2024.2重印)
(计算机技术入门丛书)
ISBN 978-7-302-57607-5

Ⅰ. ①人… Ⅱ. ①张… ②杨… Ⅲ. ①人工智能－实验－高等学校－教材 ②数据处理－实验－高等学校－教材 Ⅳ. ①TP18-33 ②TP274-33

中国版本图书馆 CIP 数据核字(2021)第 033729 号

责任编辑： 陈景辉　张爱华
封面设计： 刘　键
责任校对： 胡伟民
责任印制： 宋　林

出版发行： 清华大学出版社
网　　址： https://www.tup.com.cn，https://www.wqxuetang.com
地　　址： 北京清华大学学研大厦 A 座　　**邮　　编：** 100084
社 总 机： 010-83470000　　**邮　　购：** 010-62786544
投稿与读者服务： 010-62776969，c-service@tup.tsinghua.edu.cn
质量反馈： 010-62772015，zhiliang@tup.tsinghua.edu.cn
课件下载： https://www.tup.com.cn，010-83470236
印 装 者： 三河市科茂嘉荣印务有限公司
经　　销： 全国新华书店
开　　本： 185mm×260mm　　**印　　张：** 8.5　　**字　　数：** 215 千字
版　　次： 2021 年 4 月第 1 版　　**印　　次：** 2024 年 2 月第 6 次印刷
印　　数： 12001～14800
定　　价： 49.90 元

产品编号：090981-01

编委会

前言

FOREWORD

党的二十大报告强调“必须坚持科技是第一生产力、人才是第一资源、创新是第一动力，深入实施科教兴国战略、人才强国战略、创新驱动发展战略，开辟发展新领域新赛道，不断塑造发展新动能新优势”。

本书充分考虑“新工科”“新文科”建设背景下高校人才培养中对信息技术基础知识及大数据基础素养能力的新需要，结合不同学生的学科和专业特点，根据《中国高等院校计算机基础教育课程体系 2014》(清华大学出版社，2014)的要求，组织多年从事大学信息基础通识课程教学和科研工作的教师，结合信息科学和大数据技术最新的应用技术和研究成果，编写了此书。

本书在写作上所追求的目标和效果是以原理为依据，通过实践融会贯通。因此，本书坚持以实验和习题为手段，以提高动手能力为目标，力求将复杂问题简单化，以图文并茂的方式将晦涩理论通俗化，使得本书更加易读易懂、易教易学。在选材方面，以全面、基础、典型、新颖为原则，按通识课的性质和水准确定各章节实验和习题的内容和深度。书中涉及人工智能的诸多操作，但对于较深入和较专业的内容则以入门为准则。

本书的内容以人工智能与数据处理技术应用过程为主线，共分为两部分：实验和习题。第一部分让读者熟悉人工智能与数据处理基础涉及的实验，并以案例为驱动增强学生的实践操作能力；第二部分通过习题的方式巩固所学理论和操作知识。

本书数据库的软件环境是 Microsoft Access 2016(以下简称 Access)。通过本书的学习，学生将对数据存储设计与 Access 数据库管理、数据存储中的表与关系、查询、数据分析语言——Python、数值数据智能分析技术、文本数据智能分析技术和人工智能数据分析方法等内容有较为全面的认识和理解，并能熟练掌握利用 Python 程序设计语言完成简单的数据获取、数据存储、数据智能分析和数据可视化展示等数据智能分析技术，提高计算思维和智能计算思维，为学习信息科学相关后续课程和利用信息科学的有关知识与工具解决本专业及相关领域的问题打下良好的基础。本书内容较多，案例丰富，教师在讲授过程中可根据自己的需要对部分章节内容和案例进行选取和裁剪。为保证教学内容的连贯性，本书建议教师按照原始章节顺序介绍数据智能分析的应用路线与过程，以便开展课程实践教学。

本书由杨璠和张承德任主编，负责全书的编写、统稿和总撰；由朱平、蔡燕、马霄、张志、王倩任副主编。其中，第 1 章由杨璠执笔，第 2 章由朱平执笔，第 3 章由蔡燕执笔，第 4 章由马霄执笔，第 5 章由张志执笔，第 6 章由张承德执笔，第 7 章由王倩执笔。肖慎勇和胡景浩参与了实验、习题和参考答案的验证工作。

本书在编写过程中得到了中南财经政法大学教务部、信息与安全工程学院的领导和老师的大力支持，同时清华大学出版社为本书的顺利出版付出了极大的努力，在此一并致以深深地感谢。

本书提供参考答案与疑难解析，读者可扫描下方二维码获取。

参考答案与疑难解析

尽管编者对本书内容进行了反复修改，但由于水平和时间有限，书中疏漏之处在所难免，敬请读者提出宝贵意见。

作　者

2021 年 2 月

目录

CONTENTS

第一部分 实 验

第二部分 习 题

第一部分

实　验

第1章 数据存储设计与Access数据库管理

【实验目的】

(1) 掌握数据库设计的基本思想和方法、步骤,实现“项目管理”数据库的概念设计与逻辑设计。

(2) 了解 Access 界面,掌握 Access 的设置和基本使用方法。

【实验环境】

(1) 台式计算机或笔记本电脑。

(2) Access 2016 软件环境。

【实验内容】

某学校为大学生创新创业竞赛项目开发“项目管理”信息系统,管理的内容包括学院信息、专业信息、学生信息、教师信息、项目信息。

学院信息包括学院编号、学院名称、院长、办公电话。

专业信息包括专业编号、专业名称、专业类别。

学生信息包括学号、姓名、性别、生日、民族、籍贯、简历、登记照。

教师信息包括工号、姓名、性别、职称。

项目信息包括项目编号、项目名称、项目类别、立项日期、完成年限、经费、是否完成、指导教师工号。

其中,一个学院可以开设多个专业,一个专业只有一个学院开设;一名学生只有一个主修专业,一个专业可以有多名学生。一名教师只隶属一个学院。

一名学生可以参与多个项目,在项目中的分工分为负责人、成员。

一个项目可以有一名指导教师。一名教师只能指导一个项目。

要求:

(1) 熟悉 Access 的界面,完成基本设置。

(2) 针对以上信息设计“项目管理”信息系统的 E-R 模型,完成数据库的概念设计。

(3) 将“项目管理”信息系统的 E-R 模型转换为关系模型,完成数据库的逻辑设计。

实验1.1 Access的启动、退出与基本设置

【实验要求】

(1) 掌握Access的启动、退出方法。

(2) 初步熟悉Access的界面及使用方法。

(3) 根据需要对Access进行初步设置。

【实验步骤】

(1) 启动Access的几种方法。

按照Windows启动程序的方法,分别使用以下常用的三种方法启动Access。

- 单击"开始"按钮,选择"所有程序"→Microsoft Office→Microsoft Access 2016命令。
- 双击Access桌面快捷方式(若没有快捷方式可先创建)。
- 打开"计算机"窗口,找到要操作的Access数据库文件,双击。

(2) 退出Access的几种方法。

- 单击Access主窗口的"关闭"按钮☒。
- 选择"文件"选项卡,在Backstage视图中选择"关闭"命令。
- 单击Access主窗口左上角的图标,选择"控制菜单"中的"关闭"命令。
- 按Alt+F4组合键。

(3) 观察并了解Access用户界面。

用不同方式启动并进入Access,其界面有所差异。

通过"开始"按钮或桌面Access快捷方式启动进入Backstage视图;通过Access数据库文件关联则直接进入Access数据库窗口。

Access用户界面主要由三个组件组成:功能区、Backstage视图、导航窗格。

- 观察Backstage视图:以不同方式进入Backstage视图,注意其差别。
- 观察功能区:了解组成功能区的选项卡。
- 观察导航窗格:了解各种对象的显示组合。

(4) Access选项及其设置。

在Backstage视图中选择"选项"命令,进入"Access选项"对话框。在该对话框中可设置默认文件夹等。

选择"当前数据库"页,如图1.1所示。在该页面可设置文档窗口显示方式、定制导航窗格等。

在"快速访问工具栏"页,可定制工具栏的项目。

图 1.1　Access 选项设置窗口

实验 1.2　“项目管理”数据库的概念设计与逻辑设计

【实验要求】

(1) 掌握数据库设计的基本思想和方法、步骤。

(2) 掌握使用 E-R 模型进行简单数据库概念设计的方法。

(3) 掌握 E-R 模型转换为关系模型的方法。

【实验步骤】

(1) 根据需求，建立“项目管理”数据库的 E-R 模型。

首先确定实体。根据分析，本数据库系统中的实体包括学院、专业、学生、教师、项目。

其次，确定实体间的联系。

学院与专业是 $1:n$ 联系。

学生与专业是 $n:1$ 联系。

学院与教师是 $1:n$ 联系。

学生与项目是 $n:m$ 联系。

教师与项目是 $1:1$ 联系。

E-R 图如图 1.2 所示。

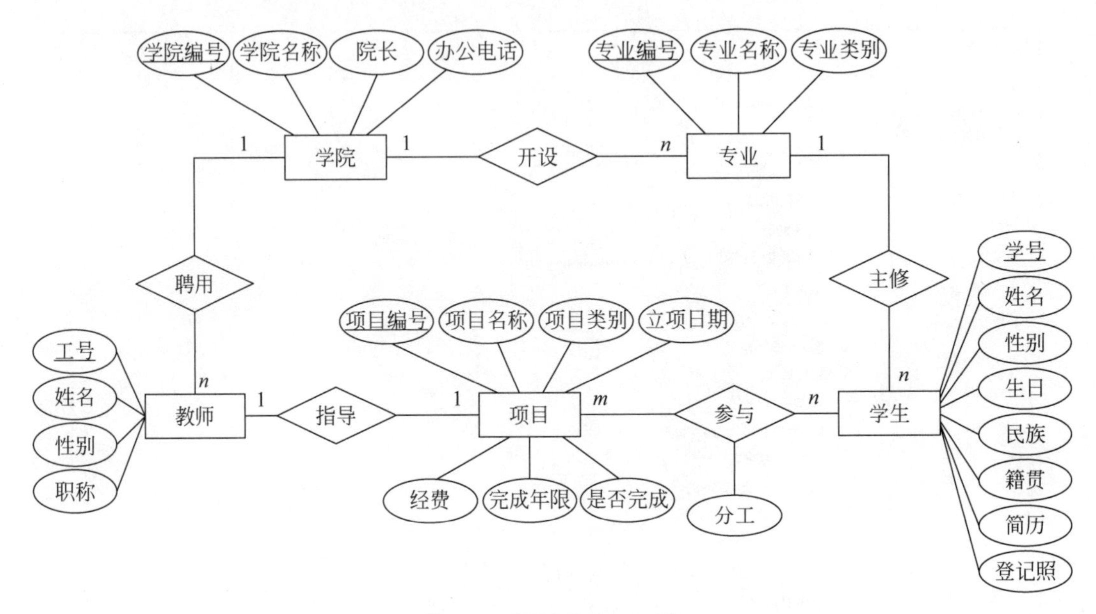

图 1.2 项目管理 E-R 图

(2) 将 E-R 模型转换为关系模型。

根据图 1.2 所示的 E-R 模型,得到的关系模型如下。

① 学院(学院编号,学院名称,院长,办公电话)

② 专业(专业编号,专业名称,专业类别,学院编号)

③ 学生(学号,姓名,性别,生日,民族,籍贯,专业编号,简历,登记照)

④ 教师(工号,姓名,性别,职称,学院编号)

⑤ 项目(项目编号,项目名称,项目类别,立项日期,完成年限,经费,是否完成,指导教师工号)

⑥ 项目分工(学号,项目编号,分工)

第2章 数据存储中的表与关系

【实验目的】

(1) 通过导入或链接方式获取外部数据。

(2) 掌握数据库中各个表结构的设计。

(3) 创建数据库,利用设计视图创建表及关系。

【实验环境】

(1) 台式计算机或笔记本电脑。

(2) Access 2016 软件环境。

【实验内容】

(1) 通过导入或链接方式获取外部数据。

(2) 某学校设计“项目管理”系统,包括“学院”表、“专业”表、“学生”表、“教师”表、“项目”表和“项目分工”表,每个表包含的字段如下。

学院(学院编号,学院名称,院长,办公电话)

专业(专业编号,专业名称,专业类别,学院编号)

学生(学号,姓名,性别,生日,民族,籍贯,专业编号,简历,登记照)

教师(工号,姓名,性别,职称,学院编号)

项目(项目编号,项目名称,项目类别,立项日期,完成年限,经费,是否完成,指导教师工号)

项目分工(项目编号,学号,分工)

根据以上“项目管理”系统的设计内容,结合 Access 2016 完成其数据库结构的设计。

(3) 在 Access 中创建“项目管理”数据库。利用设计视图完成创建表及关系的操作,并进行必要的字段属性设置。

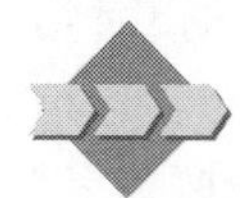

实验 2.1 导入或链接外部数据

【实验要求】

(1) 掌握创建数据库文件的操作。

(2) 掌握通过导入电子表格或文本文件创建表。

(3) 掌握通过链接电子表格或文本文件创建表。

【实验步骤】

(1) 创建数据库文件。

在F盘上建立“项目管理”文件夹,并且提前准备好外部数据文件“学院.xlsx”和“专业.txt”。

启动Access 2016进入Backstage视图,单击“新建”按钮,单击“空白桌面数据库”按钮,在“文件名”文本框中输入“项目管理.accdb”,然后指定文件的保存路径为“F:\项目管理\”文件夹,单击“创建”按钮,如图2.1所示。至此,数据库文件已创建完毕。

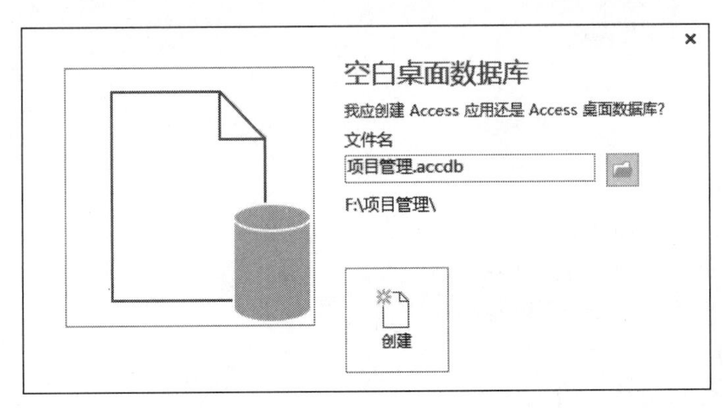

图2.1 创建空白桌面数据库

(2) 导入电子表格文件创建表。

在“外部数据”选项卡上(如图2.2所示),在“导入并链接”组选择要导入或链接的数据类型——Excel,Access会弹出“获取外部数据-Excel电子表格”对话框,来引导用户完成数据导入任务。

图2.2 “导入并链接”组

首先,在“获取外部数据-Excel电子表格”对话框中指定对象定义的来源,单击“浏览”按钮,在本机中找到电子表格资源“学院.xlsx”文件,然后选中“将源数据导入当前数据库的新表中”单选按钮,如图2.3所示。

单击“确定”按钮,在“导入数据表向导”对话框中,选中“显示工作表”单选按钮,选择“学院”表数据所在的工作表,即可看到示例数据,如图2.4所示。单击“下一步”按钮,选中“第一行包含列标题”复选框,单击“下一步”按钮,如图2.5所示。输入正在导入的每个字段信息,单击“下一步”按钮,如图2.6所示。在“我自己选择主键”下拉列表中,选择“学院编号”字段为主键,单击“下一步”按钮,如图2.7所示。在“导入到表”文本框中输入“学院”,单击“完成”按钮,如图2.8所示。即可得到新导入的“学院”表,如图2.9所示。

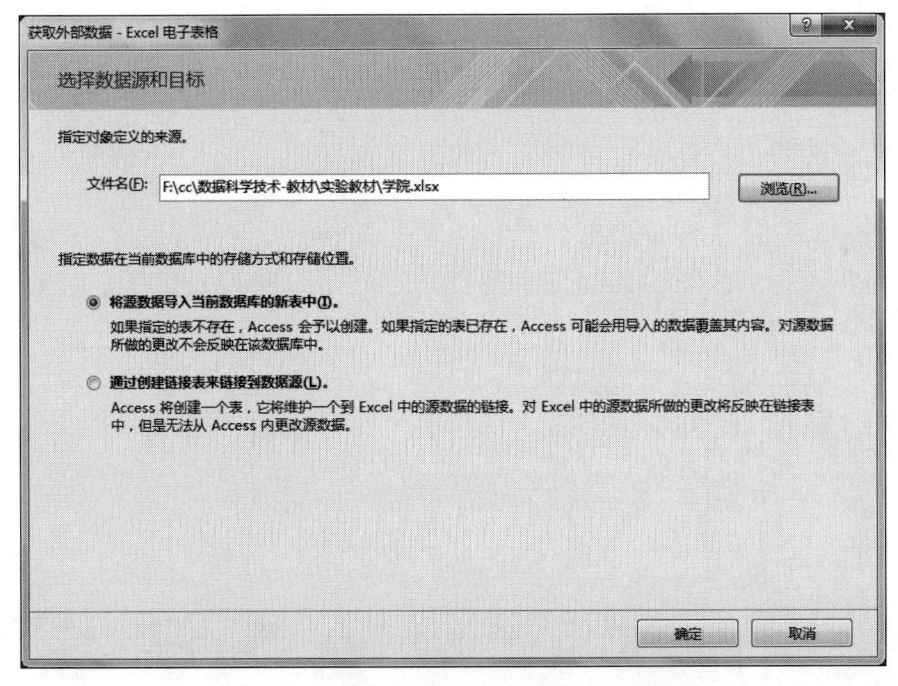

图 2.3 “获取外部数据-Excel 电子表格”对话框

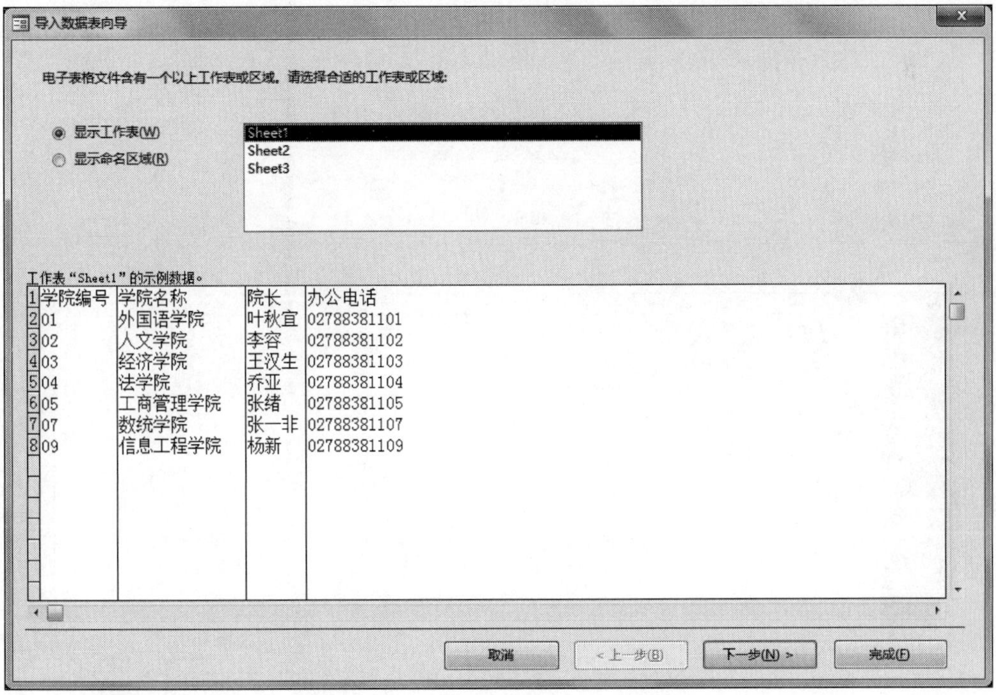

导入数据表向导

电子表格文件含有一个以上工作表或区域。请选择合适的工作表或区域:

◉ 显示工作表(W)
○ 显示命名区域(R)

Sheet1
Sheet2
Sheet3

工作表“Sheet1”的示例数据。

1	学院编号	学院名称	院长	办公电话
2	01	外国语学院	叶秋宜	02788381101
3	02	人文学院	李容	02788381102
4	03	经济学院	王汉生	02788381103
5	04	法学院	乔亚	02788381104
6	05	工商管理学院	张绪	02788381105
7	07	数统学院	张一非	02788381107
8	09	信息工程学院	杨新	02788381109

取消 < 上一步(B) 下一步(N) > 完成(F)

图 2.4 “导入数据表向导”对话框 1

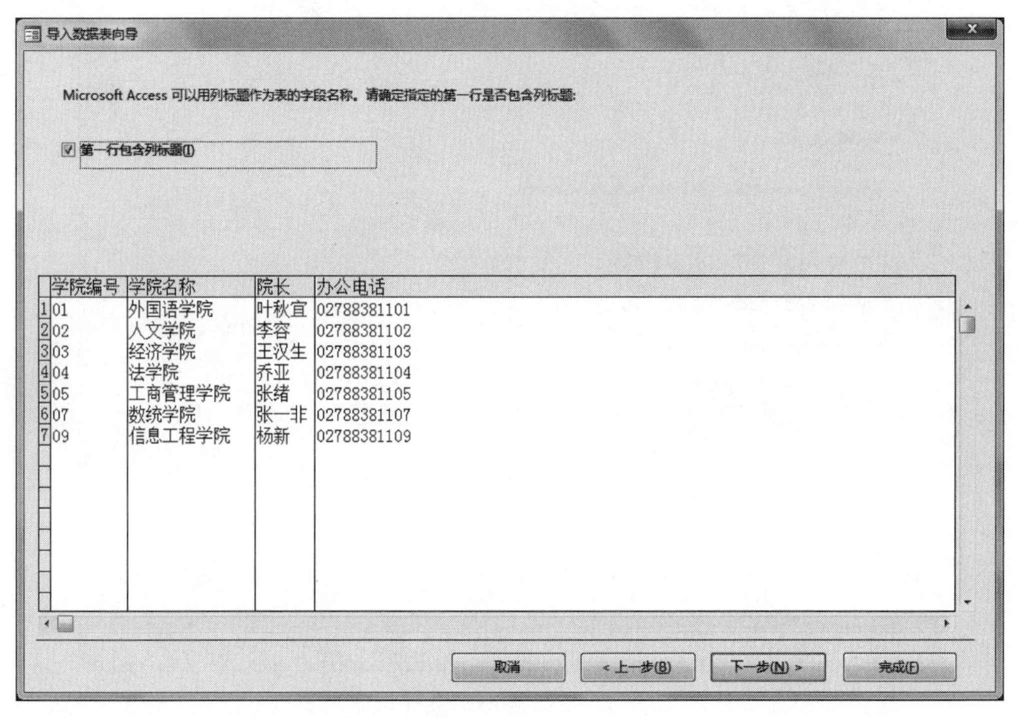

图 2.5 “导入数据表向导”对话框 2

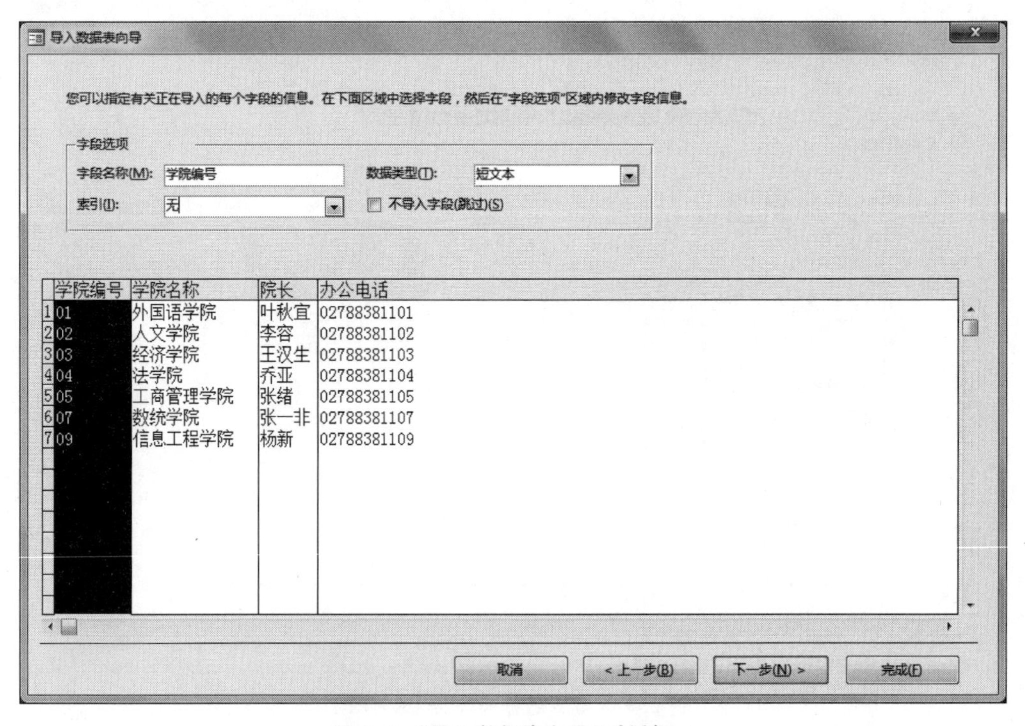

图 2.6 “导入数据表向导”对话框 3

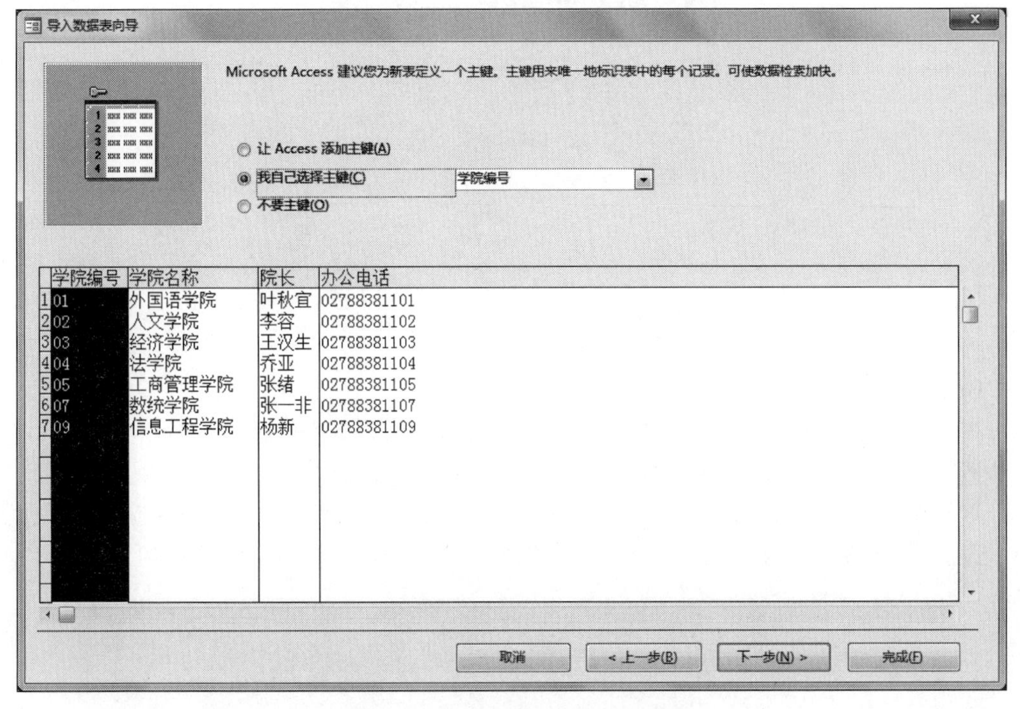

图 2.7　“导入数据表向导”对话框 4

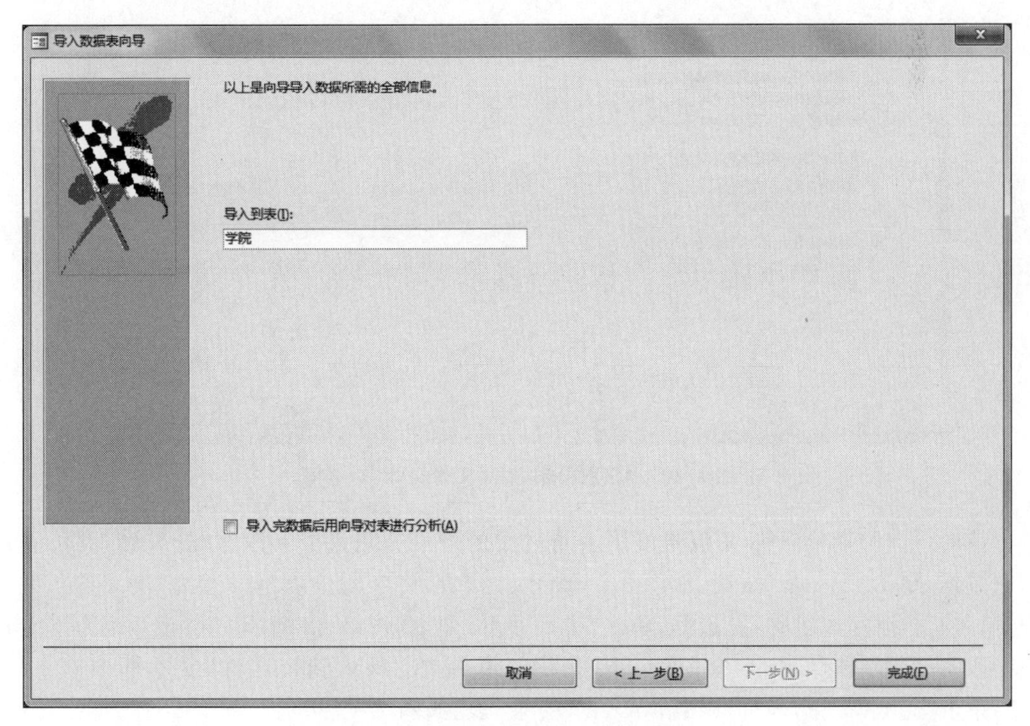

图 2.8　“导入数据表向导”对话框 5

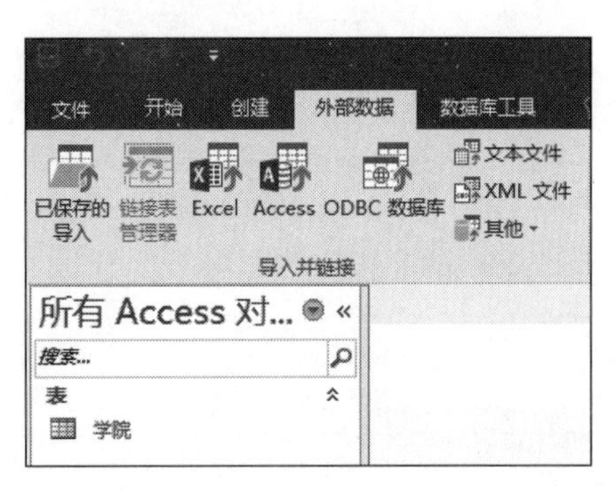

图 2.9 导入生成“学院”表

(3) 链接文本文件创建表。

在“外部数据”选项卡上选择要导入或链接的数据类型“文本文件”，Access 会弹出“获取外部数据-文本文件”对话框来引导用户完成数据导入任务。

首先，指定对象定义的来源，单击“浏览”按钮，在本机中找到“专业.txt”文件，然后选中“通过创建链接表来链接到数据源”单选按钮，再单击“确定”按钮，如图 2.10 所示。

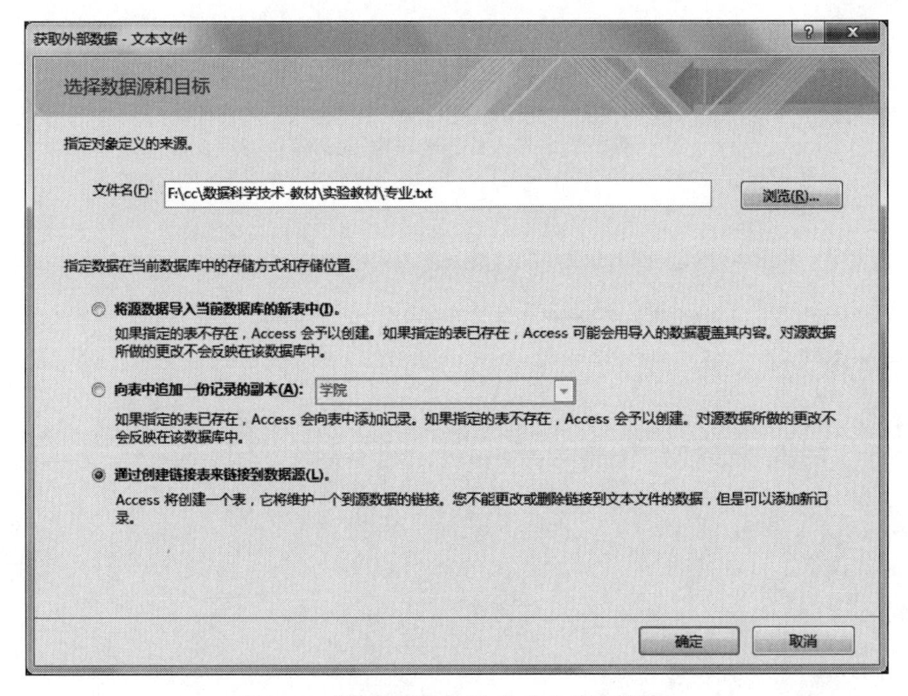

图 2.10 “获取外部数据-文本文件”对话框

然后，选择“带分隔符-用逗号或制表符之类的符号分隔每个字段”单选按钮，并可看到示例数据，单击“下一步”按钮，如图 2.11 所示。接着，将字段分隔符设置为“制表符”，并选中“第一行包含字段名称”复选框，单击“下一步”按钮，如图 2.12 所示。在对话框中指定正在导入的每个字段信息，单击“下一步”按钮。最后，在“导入到表名称”文本框中输入“专业”，单击“完成”按钮，即可得到新导入的“专业”表，如图 2.13 所示。

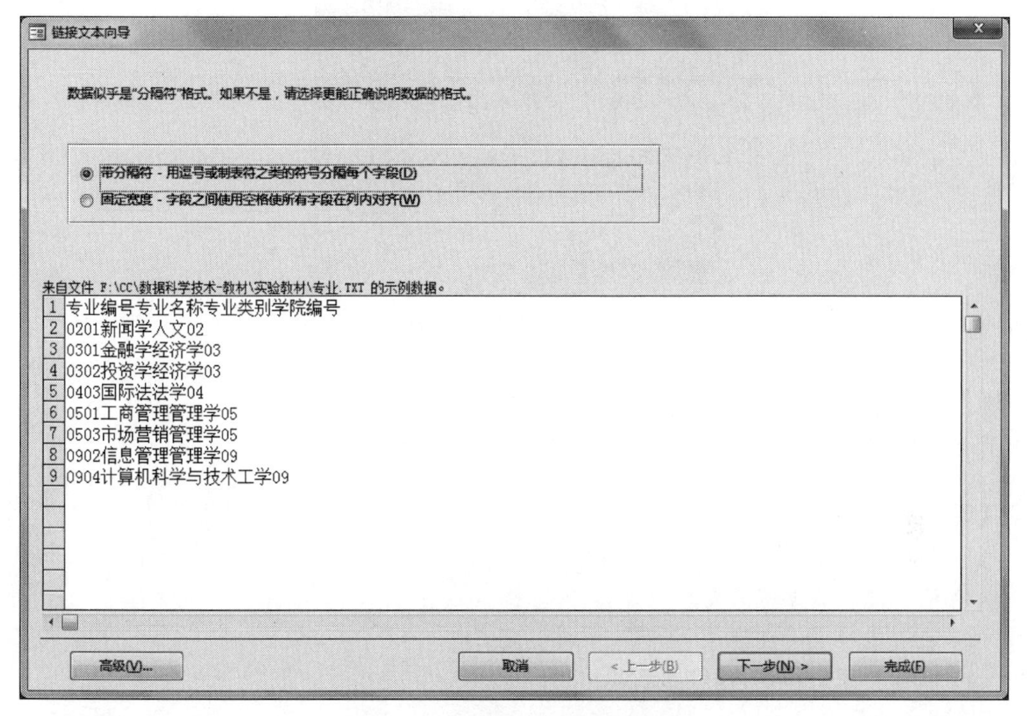

图 2.11　"链接文本向导"对话框 1

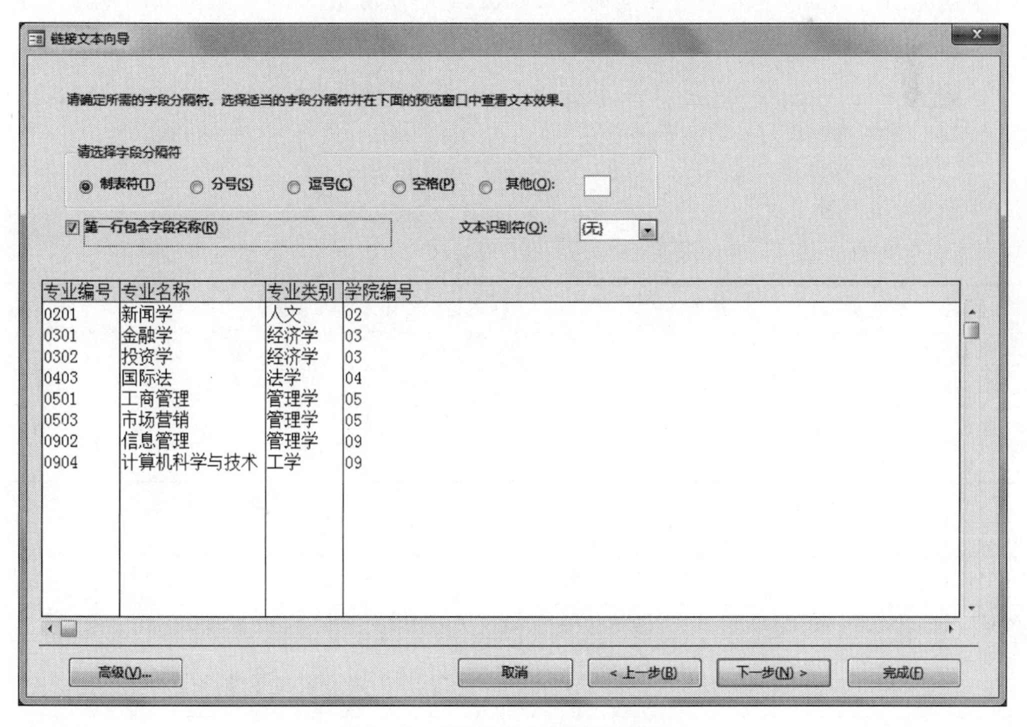

图 2.12　"链接文本向导"对话框 2

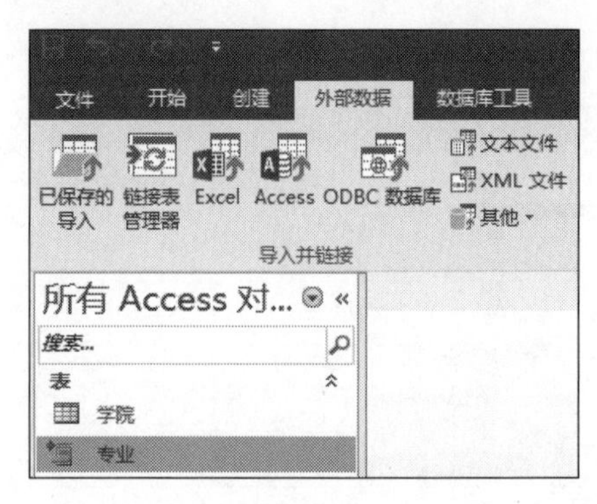

图 2.13 链接生成“专业”表

实验 2.2 设计“项目管理”数据库

【实验要求】

(1) 掌握 Access 的数据类型。

(2) 初步熟悉数据库的物理设计。

(3) 通过设计视图创建表,理解完整性的定义。

(4) 掌握关系的建立,理解关系的作用。

【实验步骤】

(1) 数据库的物理设计。

根据前面给出的项目管理各个表的字段构成,结合实际情况,完成数据库的物理设计。

由实验 2.1 可知,数据库文件保存在“F:\项目管理\”文件夹中,数据库文件名为“项目管理.accdb”。

(2) 完成表结构设计。

“项目管理”数据库包括学院、专业、学生、教师、项目、项目分工 6 个表。对应表结构如表 2.1～表 2.6 所示。

表 2.1 学院

字段名	类型	宽度	小数位	主键/索引	参照表	约束	Null 值
学院编号	文本型	2		↑(主)			
学院名称	文本型	16					
院长	文本型	8					√
办公电话	文本型	20					√

表 2.2 专业

字段名	类型	宽度	小数位	主键/索引	参照表	约束	Null 值
专业编号	文本型	4		↑(主)			
专业名称	文本型	16					
专业类别	文本型	8		↑			
学院编号	文本型	2			学院		

表 2.3　学生

字段名	类型	宽度	小数位	主键/索引	参照表	约束	Null 值
学号	文本型	8		↑(主)			
姓名	文本型	8					
性别	文本型	2				男或女	
生日	日期时间型						
民族	文本型	10		↑			
籍贯	文本型	40					
专业编号	文本型	4			专业		√
简历	备注型						√
登记照	OLE 对象						√

表 2.4　教师

字段名	类型	宽度	小数位	主键/索引	参照表	约束	Null 值
工号	文本型	6		↑(主)			
姓名	文本型	10					
性别	文本型	2				男或女	
职称	文本型	10					
学院编号	文本型	2			学院		√

表 2.5　项目

字段名	类型	宽度	小数位	主键/索引	参照表	约束	Null 值
项目编号	文本型	10		↑(主)			
项目名称	文本型	50					
项目类别	文本型	10					
立项日期	日期时间型						
完成年限	字节					1 或 2	
经费	货币					5000～50000	
是否完成	是/否型						
指导教师工号	文本型	6		不重复索引	教师		

表 2.6　项目分工

字段名	类型	宽度	小数位	主键/索引	参照表	约束	Null 值
项目编号	文本型	10		↑	项目		
学号	文本型	8		↑	学生		
分工	文本型	6				负责人、成员	

(3) 在表的设计视图中定义数据库中各表。

打开F盘上“项目管理”文件夹中的“项目管理.accdb”文件。

定义“学院”表的操作如下所述。

选择“创建”选项卡,单击“表设计”按钮,启动表“设计视图”。

根据事先设计好的结构,分别定义各字段名、字段属性。“学院编号”的数据类型是短文本,字段大小为2,单击“主键”按钮,将其定义为主键。“学院名称”的数据类型是短文本,字段大小为16,“必需”设置为“是”。“院长”的数据类型是短文本,字段大小为8。“办公电话”的数据类型是短文本,字段大小为20,如图2.14所示。

学院

字段名称	数据类型	说明(可选)
学院编号	短文本	
学院名称	短文本	
院长	短文本	
办公电话	短文本	

字段属性

常规 查阅

字段大小	2
格式	
输入掩码	
标题	
默认值	
验证规则	
验证文本	
必需	是
允许空字符串	是
索引	有(无重复)
Unicode 压缩	是
输入法模式	开启
输入法语句模式	无转化
文本对齐	常规

字段名称最长可到64个字符(包括空格)。按F1键可查看有关字段名称的帮助。

图2.14 “学院”表设计视图

然后,单击“文件”选项卡中的“保存”按钮,弹出“另存为”对话框,输入“学院”,单击“确定”按钮。至此,表对象已创建完成。

然后,根据设计依次建立“专业”表、“学生”表、“教师”表、“项目”表和“项目分工”表。

(4) 定义表的关系。

当所有表都定义好后,通过建立关系实现表之间的参照完整性。

在“数据库工具”选项卡中单击“关系”按钮,弹出“关系”窗口,并同时弹出“显示表”对话框,如图2.15所示。依次选中各表,并单击“添加”按钮,将各表添加到“关系”窗口中。

选中“学院”表中的“学院编号”字段,并将其拖到“专业”表内的“学院编号”上,弹出“编辑关系”对话框,选中“实施参照完整性”复选框,如图2.16所示。单击“创建”按钮,创建“专业”表和“学院”表之间的关系。

用类似方式建立“教师”表和“学院”表、“学生”表和“专业”表、“教师”表和“项目”表,以

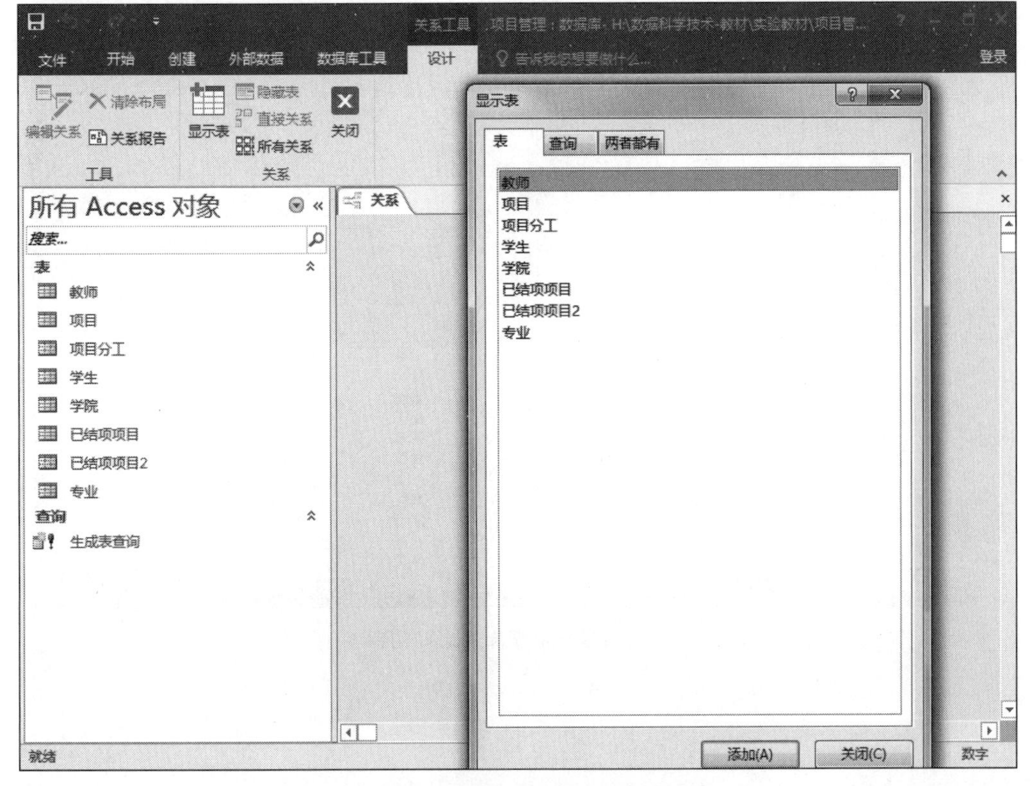

图 2.15　显示表对话框

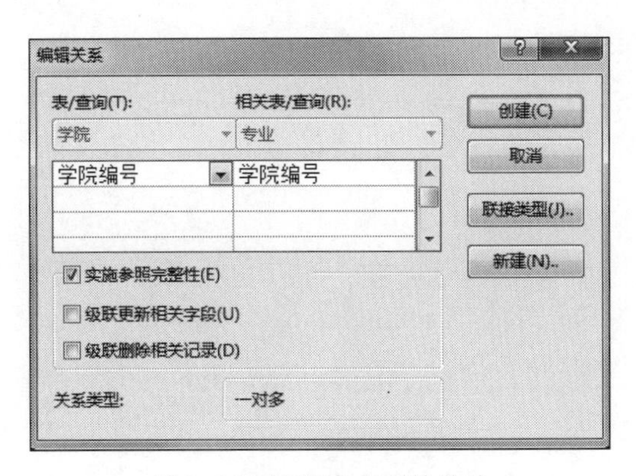

图 2.16　定义表之间的关系

及“项目”表和“学生”表之间的关系，得到整个数据库的关系，如图 2.17 所示。然后就可以输入表记录数据了。

(5) 输入表记录。

当一个数据库的所有表建立好后，可开始输入记录。由于表之间存在联系，输入时，应该先输入被引用数据的表记录，然后再输入引用其他表数据的表记录。这里，输入记录的顺序是“学院”表、“专业”表、“教师”表、“学生”表，然后是“项目”表，最后是“项目分工”表。

在对象导航窗格选中“学院”表并双击，进入数据表视图，然后依次输入各条记录。

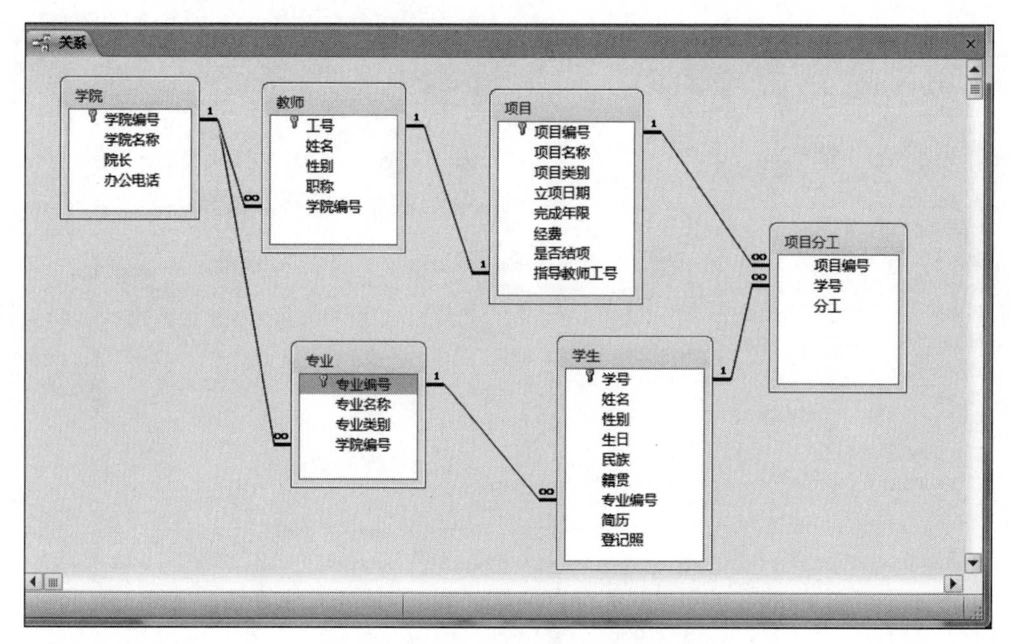

图 2.17 定义数据库表之间的联系

第3章

查 询

【实验目的】

(1) 掌握表达式的计算。

(2) 掌握 SQL 命令的操作。

(3) 掌握选择查询和动作查询。

【实验环境】

(1) 台式计算机或笔记本电脑。

(2) Access 2016 软件环境。

【实验内容】

某学校设计“项目管理”系统,包括“学院”表、“专业”表、“学生”表、“教师”表、“项目”表和“项目分工”表,每个表包含的字段如下:

学院(学院编号,学院名称,院长,办公电话)

专业(专业编号,专业名称,专业类别,学院编号)

学生(学号,姓名,性别,生日,民族,籍贯,专业编号,简历,登记照)

教师(工号,姓名,性别,职称,学院编号)

项目(项目编号,项目名称,项目类别,立项日期,完成年限,经费,是否完成,指导教师工号)

项目分工(学号,项目编号,分工)

(1) 完成不同类型数据的表达式运算。

(2) 使用 SQL 命令进行查询和操作。

(3) 利用查询设计视图创建选择查询和交叉表查询。

(4) 动作查询操作。

实验 3.1 完成不同类型数据的表达式运算

【实验要求】

(1) 掌握 Access 2016 表达式和函数。

(2) 掌握 SQL 视图及在不同视图间切换。

【实验步骤】

(1) 进入 SQL 视图及在不同视图间切换。

在 Access 中打开“项目管理”数据库。

单击“创建”选项卡“查询”组中的“查询设计”按钮，弹出查询设计窗口及“显示表”对话框。关闭“显示表”对话框，选择“设计”→“结果”→“SQL 视图”命令，进入 SQL 视图窗口。

在 SQL 视图中输入 SQL 命令并单击“运行”按钮，就可以查看运行结果。如果需要在不同的视图之间切换，可单击“视图”的下拉按钮，则弹出所有视图列表，用户可在其中选择切换，如图 3.1 所示。

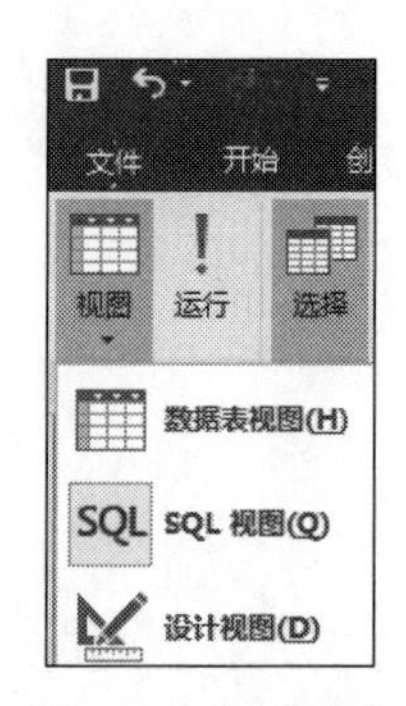

图 3.1 视图列表

(2) 不同类型数据的表达式运算。

在 SQL 视图中分别输入以下命令，分别进入数据表视图查看结果。

```
SELECT  - 5.12^2 + (17 mod 3);
SELECT  "Hello " + ",World!",TRIM("    清华大学    "),LEFT("清华大学出版社",2) + RIGHT("清华大学出版社",3);
SELECT  "你毕业的年份是", VAL(LEFT([你的学号],4)) + 4;
SELECT "现在是" + STR(YEAR(DATE())) + "年","现在是" + STR(MONTH(DATE())) + "月","现在的时间是：" + STR(TIME());
SELECT "张三">"李四","ABCD"<"abcd",(DATE() - #1992 - 10 - 8#)> 1000;
```

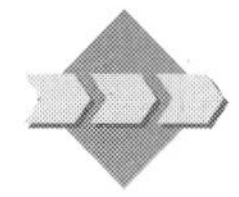

实验 3.2 使用 SQL 命令进行查询和操作

【实验要求】

(1) 掌握 SQL 中 SELECT 语句的主要应用。

(2) 掌握 SQL 的插入、更新、删除操作命令的基本应用。

(3) 了解 SQL 定义数据表的基本方法。

(4) 理解查询对象的意义和建立方法。

【实验步骤】

(1) 练习 SQL 查询的 SELECT 语句。

打开“项目管理”数据库窗口，进入 SQL 视图。

在 SQL 视图中输入以下 SELECT 命令，查看执行结果，并仔细体会查询的实现。

① 查询“学院”“专业”“学生”表的完整数据。

```
SELECT *
  FROM ((学院 INNER JOIN 专业 ON 学院.学院编号 = 专业.学院编号)
          INNER JOIN 学生 ON 专业.专业编号 = 学生.专业编号);
```

② 查询“工商管理”专业所有女生信息。

```
SELECT 专业名称,学生.*
   FROM 专业 INNER JOIN 学生 ON 专业.专业编号 = 学生.专业编号
  WHERE 专业.专业名称 = "工商管理" AND 学生.性别 = "女";
```

③ 查询作为“项目负责人”的学生的学号、姓名、性别。保存为“负责人”查询。

```
SELECT 学生.学号,姓名,性别
   FROM 学生 INNER JOIN 项目分工 ON 学生.学号 = 项目分工.学号
  WHERE 分工 = "负责人" ;
```

单击“保存”按钮,弹出“另存为”对话框,输入“负责人”,单击“确定”按钮。

④ 查询没有参与项目的学生的学号、姓名、专业名称。

```
SELECT 学号,姓名,专业名称
   FROM 学生 INNER JOIN 专业 ON 学生.专业编号 = 专业.专业编号
   WHERE 学号 NOT IN (SELECT 学号 FROM 项目分工);
```

⑤ 查询参与项目超过一项的学生的学号、姓名和参与项目数。

```
SELECT 学生.学号,姓名,COUNT( * )
   FROM 学生 INNER JOIN 项目分工 ON 学生.学号 = 项目分工.学号
   GROUP BY 学生.学号,姓名
   HAVING COUNT( * )> 1;
```

⑥ 查询参与项目最多的学生的学号、姓名和参与项目数。

```
SELECT TOP 1 学生.学号,姓名,COUNT( * ) AS 参与项目数
   FROM 学生 INNER JOIN 项目分工 ON 学生.学号 = 项目分工.学号
   GROUP BY 学生.学号,姓名
   ORDER BY COUNT( * ) DESC;
```

⑦ 查询与农村或农业有关的项目及负责人姓名。

```
SELECT 项目.*,姓名
   FROM (学生 INNER JOIN 项目分工 ON 学生.学号 = 项目分工.学号)
        INNER JOIN 项目 ON 项目.项目编号 = 项目分工.项目编号
  WHERE 分工 = "负责人" AND (项目名称 LIKE "*农业*" OR 项目名称 LIKE "*农村*");
```

(2) 练习 SQL 的创建表、插入、更新、删除操作命令。

① 在“教师”表中添加一个新教工信息。

```
INSERT INTO 教师 VALUES("Z09031","杨飞","男","讲师","09");
```

② 将“校级”项目的经费增加 1000 元。

```
UPDATE 项目
   SET 经费 = 经费 + 1000  WHERE 项目类别 = "校级";
```

③ 创建“已结项项目”表,包括项目编号、项目名称、项目类别、指导教师工号、负责人学号。

```
CREATE TABLE 已结项项目
(项目编号 TEXT(10) PRIMARY KEY,
 项目名称 TEXT(60) NOT NULL,
 指导教师工号 TEXT(8) REFERENCES 教师(工号),
 负责人学号 TEXT(8) REFERENCES 学生(学号) );
```

④ 将已结项的项目转入“已结项项目”表，然后删除“已结项”的项目数据。

首先，执行如下语句。

```
INSERT INTO 已结项项目(项目编号,项目名称,指导教师工号,负责人学号)
SELECT 项目.项目编号,项目名称,指导教师工号,学号
  FROM 项目 INNER JOIN 项目分工 ON 项目.项目编号 = 项目分工.项目编号
    WHERE 分工 = "负责人" AND 是否结项;
```

然后，执行如下语句。

```
DELETE FROM 项目
WHERE 是否结项;
```

实验 3.3　利用查询“设计视图”创建选择查询和交叉表查询

【实验要求】

(1) 掌握查询设计视图。

(2) 理解 Access 选择查询的意义和类别。

(3) 掌握一般选择查询的操作应用。

(4) 理解并掌握交叉查询的应用。

(5) 理解参数查询的意义。

【实验步骤】

(1) 设置选择查询。

打开“项目管理”数据库窗口，然后进入设计视图。

① 查询“专业”表，显示开设的所有专业涉及的学科门类。

通过“显示表”对话框将“专业”表加入设计视图。在设计网格中“字段”栏选择“专业类别”字段并选中“显示”复选框。因为该字段的值有重复，因此，进入“属性表”对话框，选择“唯一值”的属性值为“是”。

② 查询所有专业涉及的学科门类，以及每个学科门类开设的专业数，并仅显示开设专业数为 2 个以上的学科门类及其专业数信息，显示信息为专业类别、专业数。

通过“显示表”对话框将“专业”表加入设计视图。在设计网格中“字段”栏选择“专业类别”和“专业编号”字段并选中“显示”复选框。然后，单击工具栏中的“汇总”按钮增加“总计”栏，将“专业类别”字段设置为“Group By”，将“专业编号”字段设置为“计数”。在“专业编号”字段的“条件”栏输入“> 2”。最后，在“专业编号”的“字段”栏的“专业编号”前面加上“专

业数:”作为查询后的列名。设计完成,如图 3.2 所示。

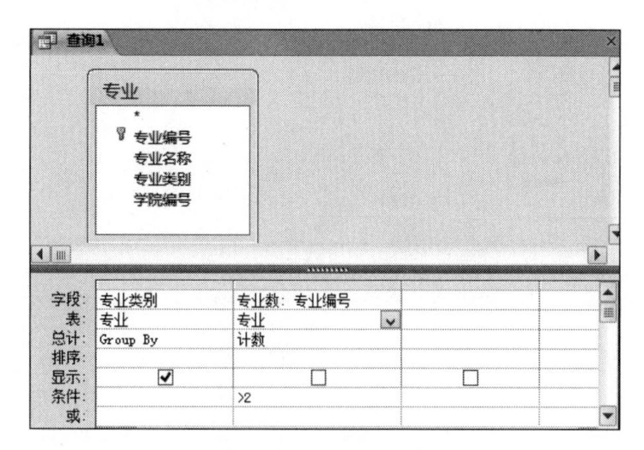

图 3.2　选择查询设计视图 1

③ 查询各专业学生的人数。

将“专业”表和“学生”表加入“设计视图”。在“字段”栏选中“专业编号”和“专业名称”字段并选中“显示”复选框,然后,单击工具栏中的“汇总”按钮增加“总计”栏。将“专业编号”和“专业名称”字段设置为“Group By”,然后选择“学生”表的“学号”字段,设置其为“计数”,最后,在“学号”前面加上“人数:”作为查询后的列名。设计完成,如图 3.3 所示。

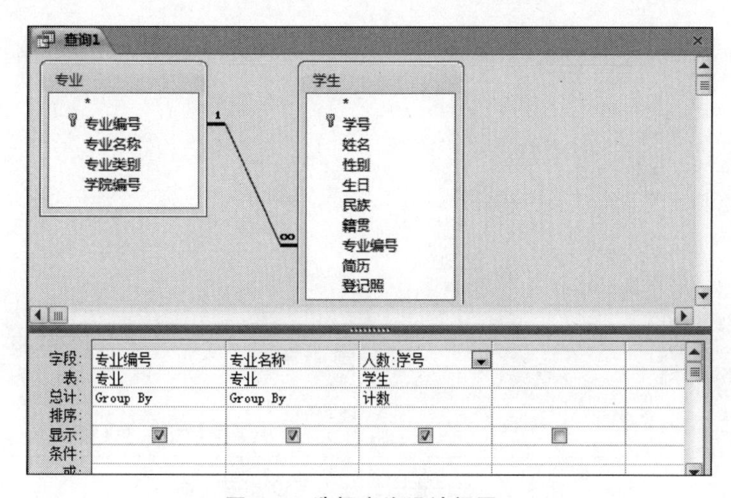

图 3.3　选择查询设计视图 2

④ 查询 18 岁以上男学生人数超过 3 人的各专业信息,显示输出信息为符合条件专业的专业名称和 18 岁以上男学生人数。

将“专业”表和“学生”表加入设计视图。在“字段”栏选中专业表的“专业编号”、学生表的“学号”和“性别”字段并选中“显示”复选框,然后单击工具栏中的“汇总”按钮增加“总计”栏。将“专业编号”字段设置为“Group By”,然后选择“学生”表的“学号”字段,设置其为“计数”。在“学号”字段的“条件”栏输入“> 3”;在“性别”字段的“总计”栏选择“Where”选项,并在“条件”栏输入"男"。并在“字段”栏中增加一个计算字段“年龄:Year(Date())－Year([生日])”,在该字段的“总计”栏选择“Where”选项,并在“条件”栏输入“> 18”。最后,在

“学号”前面加上“18 岁以上男学生人数:”作为查询后的列名。设计完成,如图 3.4 所示。

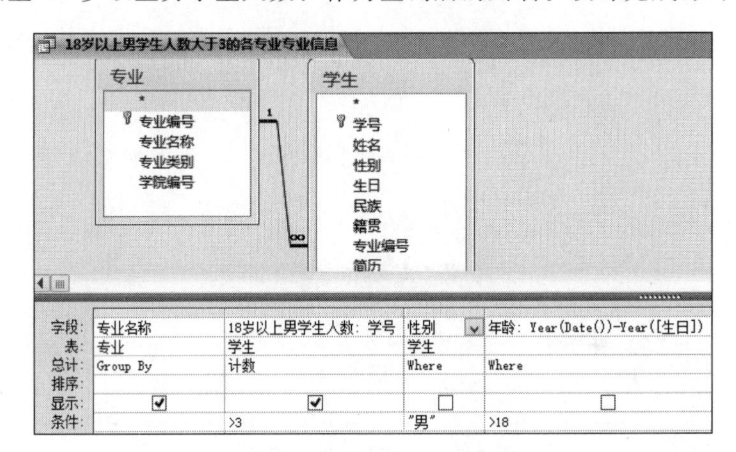

图 3.4　选择查询设计视图 3

⑤ 查询没有参与项目的男学生学号、姓名,即“项目分工”表中没有记录的学生。

设计过程如图 3.5 所示。将“学生”表加入设计视图。选择“学号”“姓名”字段并选中“显示”复选框,在第 3 列处输入“注:‘未参与项目’”,选中“显示”复选框。然后,在第 4 列中选择“学号”但不显示,只作为比较的对象。在“条件”栏输入一个子查询“NOT IN (SELECT 学号 FROM 项目分工)”。

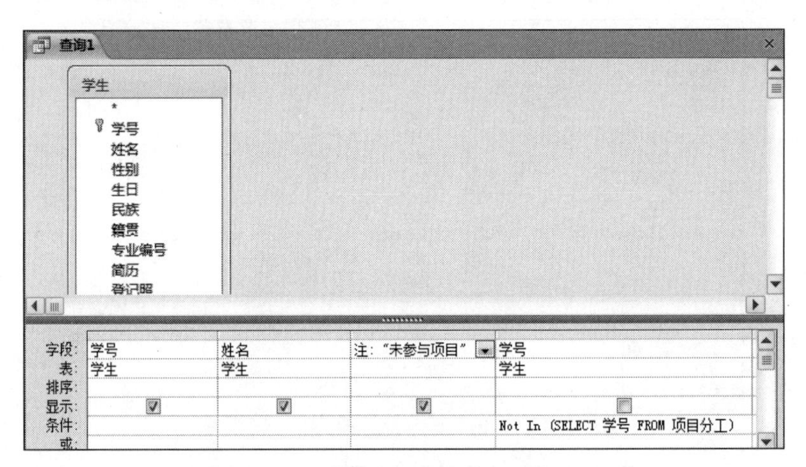

图 3.5　选择查询设计视图设计子查询

设置完毕,运行结果如图 3.6 所示。

(2) 设置交叉表查询。

① 查询每位学生在各个项目中的分工情况。

两类实体多对多联系可设置交叉查询。将学生的“学号”和“姓名”作为行标题,“项目编号”作为列标题,“分工”作为交叉数据,生成交叉表。

在查询设计视图,添加“学生”和“项目分工”表。在设计窗格中添加“学号”“姓名”“项目编号”“分工”字段。

单击“交叉表”按钮,添加“总计”栏和“交叉表”栏。在“交叉表”栏设置“学号”和“姓名”作为行标题,“项目编号”作为列标题,“分工”作为“值”,在“总计”栏设置分工为“First”。这

学号	姓名	注
11040345	郭爱玲	未参与项目
11040362	胡雪	未参与项目
11040811	万成阳	未参与项目
11040420	邱丽	未参与项目
12053124	多桑	未参与项目

图 3.6 选择查询数据表视图

样交叉表查询就设计完毕,如图 3.7 所示。

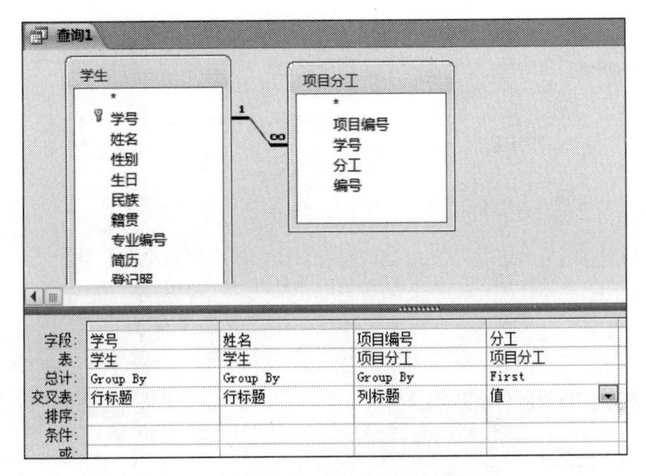

图 3.7 查询设计视图中设计交叉表 1

运行查询,可以看到交叉表查询的效果,如图 3.8 所示。

学号	姓名	12105	1210	121052000	121052	121052001	121052	13
10041138	华美			成员				
10053113	唐李生			负责人				
11020113	许洪峰	负责人						
11020123	宋佳倩	成员						
11020154	杨沛	成员	成员					
11020155	卢茹		负责人					
11042219	黄耀			成员				
11045120	刘权利						成员	
11093305	郑家谋							
11093317	凌晨							
11093325	史玉磊							
11093342	罗家艳							
12041127	巴朗							
12041136	徐栋梁							成
12045142	郝明星		成员					
12050233	孔江三							
12050551	赵娜							负
12053101	高猛						成员	
12053116	陆敏				负责人			
12053131	林惠萍					负责人		
12053160	郭政强				成员	成员	负责人	
12055117	王燕							成
12090111	潘东				成员			
12090231	王宇					成员		

图 3.8 交叉表查询结果 1

② 查询每位学生在各个项目中的分工情况，并对每位学生参与的项目数进行统计。

和上面类似，此处针对每个学生仅增加了一个统计信息——参与项目总数，那么在交叉表中如何进行设计呢？

在查询设计视图中设计交叉表，如图 3.9 所示。在上面的基础上，在查询设计视图中，在“字段”栏中增加“项目编号”字段，并在“总计”栏选择“计数”，“交叉表”栏设置为“行标题”。最后在“项目编号”前面加上“项目计数:”作为查询后的列名。设计完成，查询结果如图 3.10 所示。

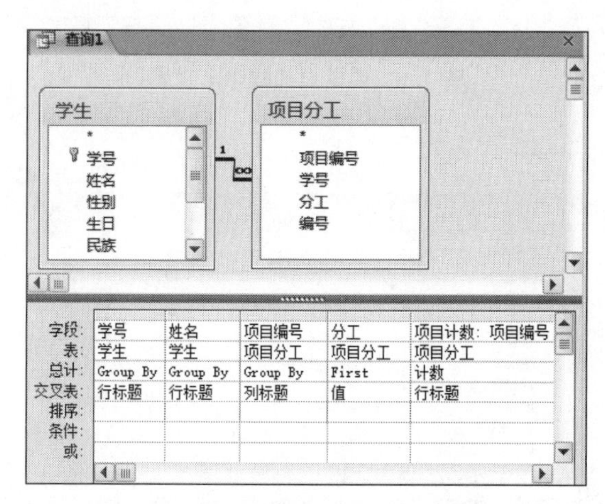

图 3.9　查询设计视图中设计交叉表 2

查询1

学号	姓名	项目计数	12105	1210	121052000	121052	121052001	12105
10041138	华美	1			成员			
10053113	唐李生	1			负责人			
11020113	许洪峰	1	负责人					
11020123	宋佳倩	1	成员					
11020154	杨沛	2	成员	成员				
11020155	卢茹	1		负责人				
11042219	黄耀	1			成员			
11045120	刘权利	2						成员
11093305	郑家谋	2						
11093317	凌晨	1						
11093325	史玉磊	1						
11093342	罗家艳	1						
12041127	巴朗	2						
12041136	徐栋梁	1						
12045142	郝明星	2		成员				
12050233	孔江三	1						
12050551	赵娜	2						
12053101	高猛	2						成员
12053116	陆敏	2				负责人		
12053131	林惠萍	1					负责人	
12053160	郭政强	3				成员	成员	负责
12055117	王燕	2						
12090111	潘东	2				成员		
12090231	王宇	2					成员	

图 3.10　交叉表查询结果 2

(3) 设置参数查询。

通过参数查询指定日期以后出生的某个民族的学生信息。

将“学生”表加入查询设计视图，在设计窗格中选择“*”表示输出“学生”表所有字段。然后，选中“生日”字段，不选中“显示”复选框，在条件行输入“>[SR]”；同样设置“民族”字段。

接下来，单击“参数”按钮，弹出“查询参数”对话框，分别设置“SR”和“MZ”的类型，单击“确定”按钮，设置完毕，如图 3.11 所示。

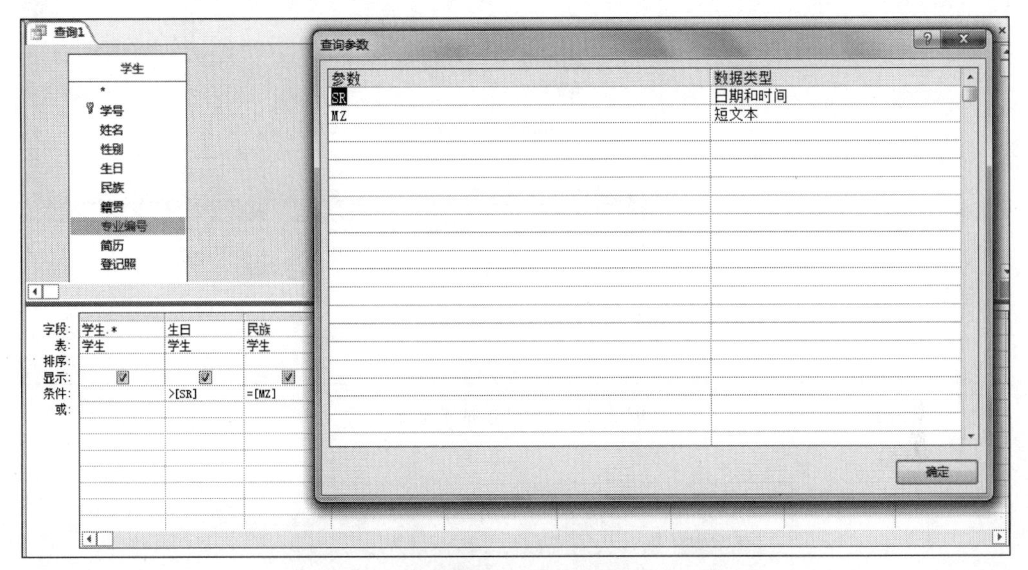

图 3.11　在查询设计视图中设置查询参数

实验 3.4　动作查询操作

【实验要求】

(1) 理解 Access 动作查询包含的查询类别。

(2) 理解并掌握动作查询的操作应用。

(3) 将动作查询与 SQL 命令进行对比。

【实验步骤】

(1) 生成表查询操作。

创建“已结项项目”表，包括项目编号、项目名称、项目类别、指导教师工号、负责人学号。

进入查询设计视图，添加“项目”和“项目分工”表。设置“项目编号”“项目名称”“指导教师工号”“学号”“是否结项”字段并设置相应条件。然后单击“生成表”按钮，弹出“生成表”对话框。操作如图 3.12 所示。输入生成表的名称，单击“确定”按钮。运行查询，结果被保存到当前数据库中。

由于生成表中有指导教师工号和学生学号，因此可到关系图窗口中建立相应的参照。

生成的新表如图 3.13 所示。

(2) 删除查询操作。

删除“项目”表中已结项的项目数据。

进入查询设计视图，加入“项目”表。单击“删除”按钮，这时设计窗格栏目发生变化，出现“删除”栏。添加“[是否结项]”字段并设置“删除”栏为“Where”，对应“条件”为“True”，直接单击“运行”按钮即可，如图 3.14 所示。

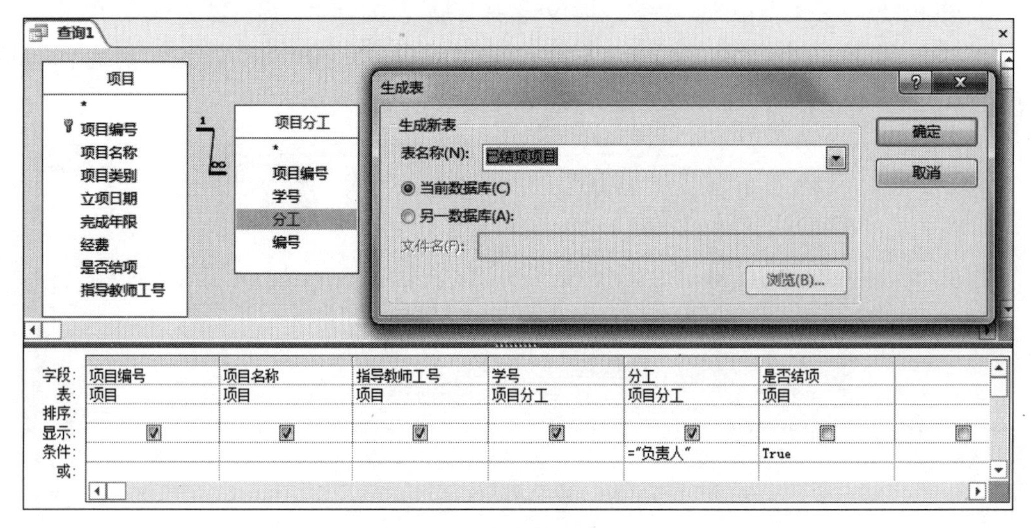

图 3.12　定义生成表查询

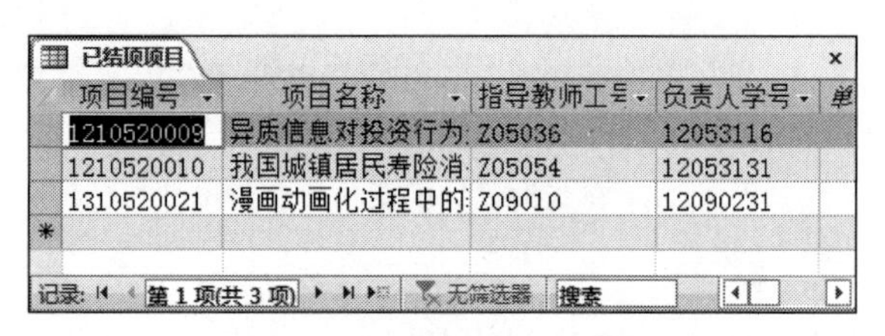

图 3.13　“已结项项目”表

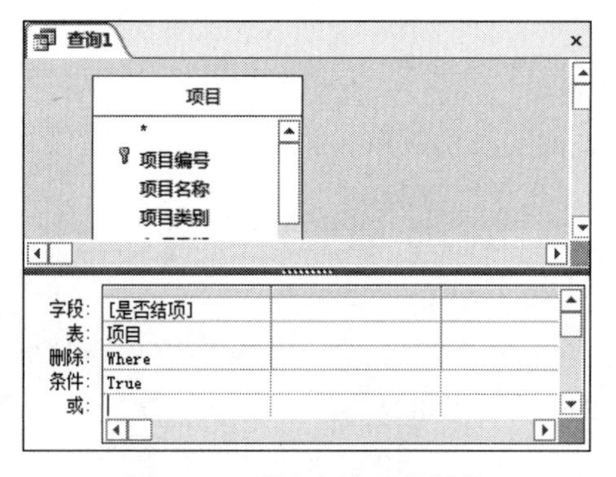

图 3.14　删除查询设计操作

(3) 追加查询操作。

追加查询是将一个查询的结果追加插入到一个现有表中。将本实验的生成表查询操作通过追加查询完成。

在查询设计视图中添加“项目”和“项目分工”表。设置“项目编号”“项目名称”“指导教师工号”“学号”“是否结项”字段并设置相应条件，单击“追加”按钮，弹出“追加”对话框。输入“已结项项目 2”，如图 3.15 所示，单击“确定”按钮。这时，设计窗格中增加“追加到”栏并显示相关的字段名。单击“运行”按钮，完成数据记录的追加。

图 3.15　“追加”对话框

(4) 更新查询操作。

将“校级”项目经费增加 1000 元，操作如下。

在设计视图中添加“项目”表。单击“更新”按钮，设计窗格增加“更新到”栏。

添加“经费”字段，然后在“更新到”栏中输入“[经费]+1000”。

添加“项目类别”字段，在“条件”栏中输入“校级”，设计完成，如图 3.16 所示。

单击“运行”按钮运行查询，即可完成“项目”表的更新操作。

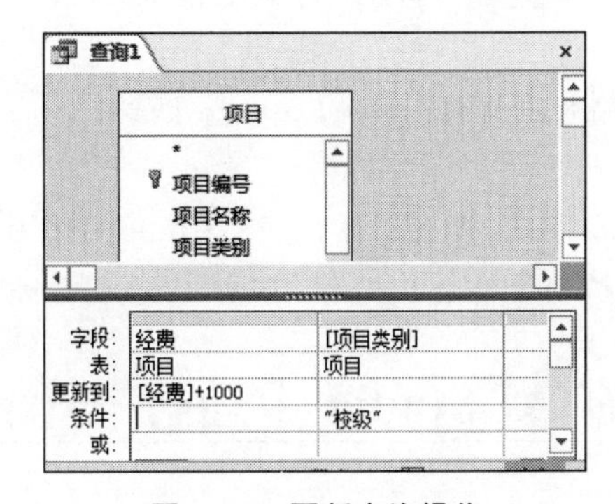

图 3.16　更新查询操作

第4章

数据分析语言——Python

【实验目的】

(1) 掌握 AI Studio 基本操作。

(2) 使用 AI Studio 创建和运行 Python 项目。

【实验环境】

中文 Windows 7 及更高版本,浏览器,AI Studio 网站。

【实验内容】

(1) 学习加入 AI Studio 课程,查看并运行 AI Studio 课程中的实验项目。

(2) 用 AI Studio 新建项目并运行。

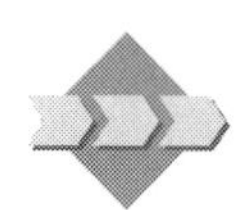

实验 4.1　在 AI Studio 上运行一个简单的项目

【实验要求】

登录 AI Studio 平台,学习加入 AI Studio 课程,查看并运行 AI Studio 课程中的实验项目。

【实验步骤】

在 AI Studio 上运行项目只需在浏览器中完成以下操作即可。

(1) 使用百度账号登录 AI Studio 平台。平台网址为 http://aistudio.baidu.com。登录账号为百度账号,使用百度搜索、百度贴吧、百度网盘、百度知道、百度文库等账号都可以直接登录。如果没有注册过百度账号,则可以通过短信快捷登录,或者注册后再登录。AI Studio 登录后的界面如图 4.1 所示。

(2) 找到要运行的项目并保存至"我的项目"。首先,选择界面左上角的"项目"选项卡,显示出最新的"公开项目"页面,选择"新手入门"选项,可以看到"课程 2-机器学习入门实践-鸢尾花分类" 案例。AI Studio 公开项目中的"新手入门"项目如图 4.2 所示。

将"公开项目"保存为"我的项目",需要通过 fork 操作来完成。单击项目标题进入"鸢尾花分类"项目,单击页面右上角的 fork 按钮,弹出"fork 项目"对话框,如图 4.3 所示。单击"创建"按钮即可将该公开项目保存为"我的项目"。

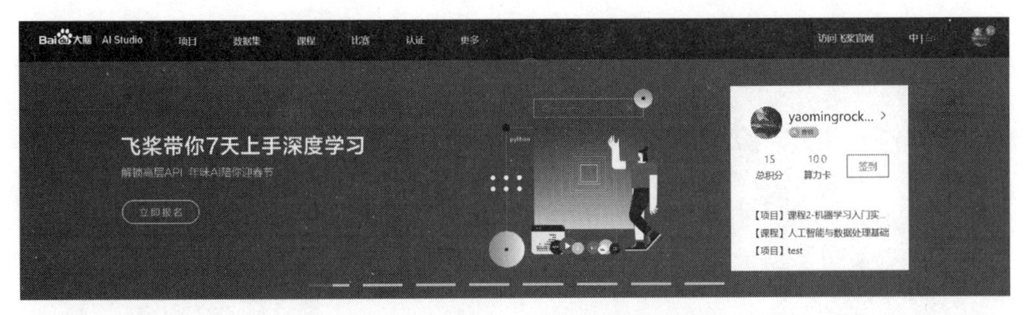

图 4.1　AI Studio 登录后的界面

图 4.2　AI Studio 公开项目中的“新手入门”项目

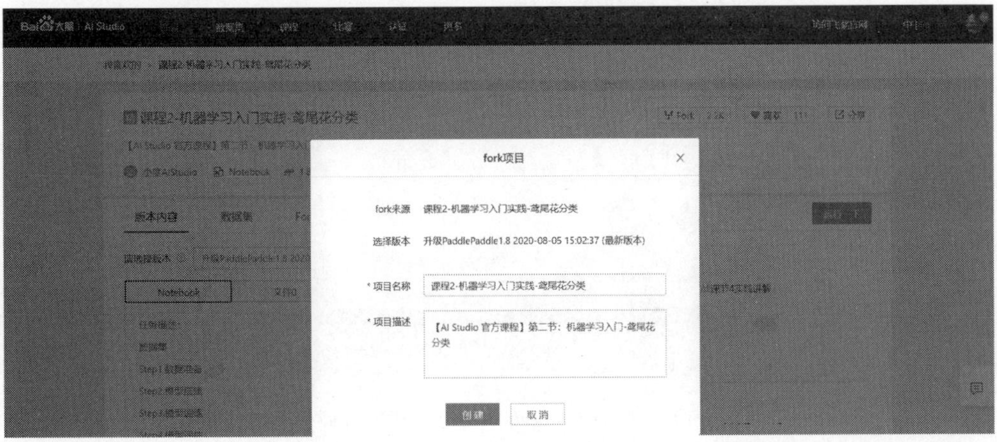

图 4.3　“fork 项目”对话框

(3) 运行项目。通过 fork 操作创建项目后，可以直接开始运行项目，也可以在“我的项目”中找到 fork 来的项目进行运行。总之，要运行项目首先要保存到“我的项目”中，即创建好项目的副本后，才能运行、修改等。

单击“启动环境”按钮，弹出“选择运行环境”对话框，如图 4.4 所示。如果选中“基础版(免费使用)”单选按钮，则项目在本地环境中运行。如果选中“高级版(1 算力卡/小时)”单选按钮，则项目就运行在云端，即由云端的 GPU 和 CPU 计算能力来负责运行，这显然是对于大型的项目来说的，它们需要大量的云端计算资源。因为鸢尾花案例对计算能力要求不高，可以直接选中“基础版(免费使用)”单选按钮在本地运行。

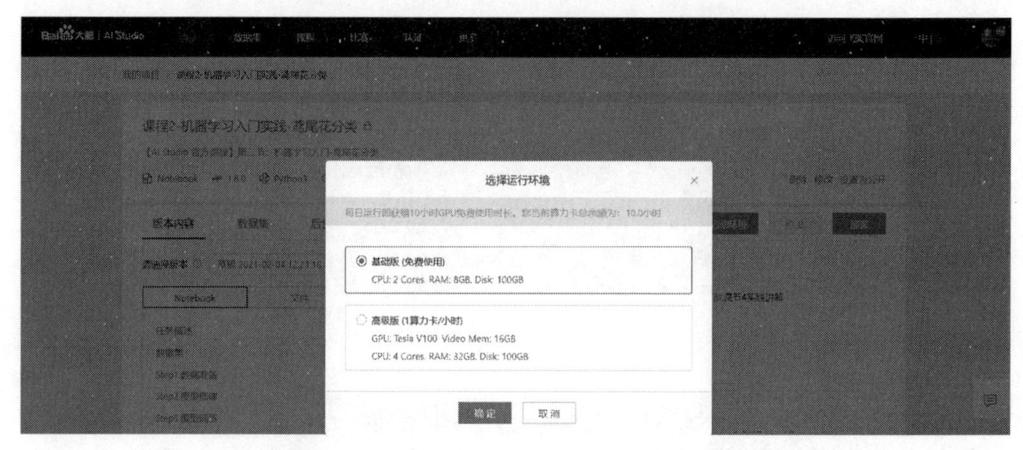

图 4.4 AI Studio 平台“选择运行环境”对话框

单击“确定”按钮，开始启动本地项目环境，启动成功后进入 AI Studio 本地项目运行界面，如图 4.5 所示。AI Studio 项目采用 Python 语言编写，程序的运行环境为 Notebook。Notebook 是一个集说明性文字、数学公式、代码和可视化图表于一体的网页版的交互式 Python 语言运行环境。即 Notebook 允许用户把所有与程序代码相关的文本、图片、公式、以及程序段运行的中间结果全都结合在一个 Web 文档中，还可以轻松地对其进行修改和共享。

图 4.5 AI Studio 本地项目运行界面

Notebook 环境中包括代码单元格和标签单元格，只有代码单元格能够执行。选择右上角的“运行”→“全部执行”命令，即可运行该项目。代码单元格执行的结果显示在该代码单元格下方。

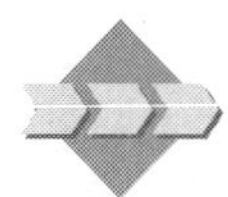

实验 4.2 在 AI Studio 上创建一个简单的项目

【实验要求】

登录 AI Studio 平台，学习在 AI Studio 平台上创建一个简单的项目。

【实验步骤】

在 AI Studio 平台上创建项目只需在浏览器中完成以下操作即可。

(1) 单击“项目”页面的“创建项目”按钮，如图 4.6 所示。

图 4.6　创建项目

(2) 选择项目类型，配置系统环境，完善项目描述，然后单击“创建”按钮，如图 4.7～图 4.9 所示。创建时可根据个人需要添加数据集或创建数据集。

图 4.7　选择项目类型

图 4.8　配置系统环境

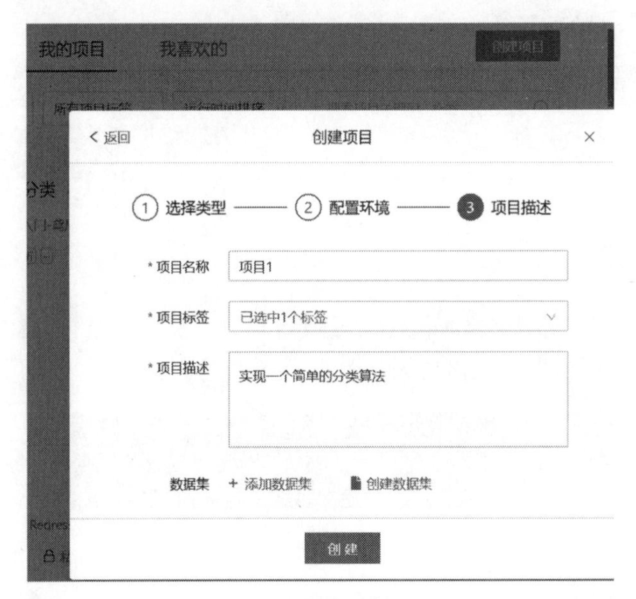

图 4.9 完善项目描述

(3) 项目创建成功,单击"查看"按钮,可进入"我的项目"详情页,如图 4.10 所示。

图 4.10 "我的项目"详情页展示

第5章

数值数据智能分析技术

【实验目的】

(1) 掌握 NumPy 库的基本功能。

(2) 掌握一维数组和二维数组的创建。

(3) 掌握数据的输入、编辑和修改操作。

(4) 掌握外部数据的导入导出操作。

(5) 掌握数据的引用、公式和函数的使用方法。

(6) 掌握数据的排序、筛选与分类汇总操作。

(7) 初步利用 NumPy 和 Pandas 进行数据存储与预处理。

(8) 掌握数据可视化的使用方法,利用数据图表对数据进行分析。

【实验环境】

(1) Python 3.7 及更高版本。

(2) NumPy 库安装包。

(3) Pandas 库安装包。

(4) Matplotlib 库安装包。

【实验内容】

(1) 了解 NumPy 库的基本功能。

(2) 掌握一维数组和二维数组的创建。

(3) 掌握 NumPy 库的对数组的操作与运算。

(4) 在 Pandas 中导入导出外部数据。

(5) Pandas 库的基本操作。

(6) 使用排序、筛选和分类汇总。

(7) 了解 Matplotlib 库的基本功能。

(8) 掌握 Matplotlib 库的使用方法。

(9) 利用数据图表对数据进行分析。

实验 5.1 NumPy 库的基础操作

【实验要求】

(1) 安装第三方 NumPy 库。

(2) 掌握 NumPy 库的基本功能。

(3) 掌握一维数组和二维数组的创建。

(4) 掌握 NumPy 库对数组的操作与运算。

【实验步骤】

(1) 创建从 0～9 的一维数字数组。

导入 NumPy 库,设置别名为 np。创建从 0 到 9 的一维数组,代码如下:

```
>>> import numpy as np
>>> arr = np.arange(10)
>>> print(arr)
[0 1 2 3 4 5 6 7 8 9]
```

(2) 显示 NumPy 的版本号。

```
>>> print(np.__version__)
1.18.5
```

(3) 创建一个元素全为 True 的 3×3 数组。

创建一个布尔类型的数组,代码如下:

```
>>> import numpy as np
arr = np.full([3, 3], True, dtype = np.bool)
print(arr)
[[ True  True  True]
[ True  True  True]
[ True  True  True]]
```

(4) 从数组 arr 中提取所有奇数。

从一维数组中提取满足指定条件的元素,有两种实现方法。

方法一:利用索引值访问数据元素。

```
import numpy as np
arr = np.arange(10)
x = arr[arr % 2 == 1]
print(x)
```

方法二:利用下标值访问数据元素。

```
import numpy as np
arr = np.arange(10)
```

```
x = arr[arr % 2 == 1]
print(x)
```

输出结果如下：

```
[1 3 5 7 9]
```

(5) 将数组 arr 中的偶数元素替换为 0。

将数组 arr 中的偶数替换为 0，代码如下：

```
import numpy as np
arr = np.arange(10)
index = np.where(arr % 2 == 0)
arr[index] = 0
print(arr)
```

输出结果如下：

```
[0 1 0 3 0 5 0 7 0 9]
```

(6) 将数组 arr 中的所有偶数元素替换为 0，而不改变数组 arr。

在不影响原始数组的情况下替换满足条件的元素项，代码如下：

```
import numpy as np
arr = np.arange(10)
x = np.where(arr % 2 == 0, 0, arr)
print(x)
print(arr)
```

输出结果如下：

```
[0 1 0 3 0 5 0 7 0 9]
[0 1 2 3 4 5 6 7 8 9]
```

(7) 将数组 arr 转换为 2 行的二维数组。

将一维数组转换成二维数组，有两种实现方法。

方法一：利用从左向右的索引值访问数据元素。

```
>>> import numpy as np
>>> arr = np.arange(10)
>>> x = np.reshape(arr, newshape = [2, 5])
>>> print(x)
[[0 1 2 3 4]
[5 6 7 8 9]]
```

方法二：利用从右向左的索引值访问数据元素。

```
>>> import numpy as np
>>> arr = np.arange(10)
>>> x = np.reshape(arr, newshape=[2, -1])
>>> print(x)
[[0 1 2 3 4]
[5 6 7 8 9]]
```

(8) 反转二维数组 arr 的行。

```
>>> import numpy as np
>>> arr = np.arange(9).reshape(3, 3)
>>> print(arr)
[[0 1 2]
[3 4 5]
[6 7 8]]

>>> x = arr[:, ::-1]
>>> print(x)
[[2 1 0]
[5 4 3]
[8 7 6]]
```

(9) 创建一个 5×3 的二维数组,其中包含 5～10 的随机数。

```
>>> import numpy as np
>>> x = np.random.randint(5, 10, [5, 3])
>>> print(x)
[[5 8 8]
[5 6 8]
[8 8 7]
[6 7 9]
[6 5 8]]

>>> x = np.random.uniform(5, 10, [5, 3])
>>> print(x)
[[6.73675226 8.50271284 9.66526032]
[9.42365472 7.56513263 7.86171898]
[9.31718935 5.71579324 9.92067933]
[8.90907128 8.05704153 6.0189007 ]
[8.70753644 7.75056151 5.71714203]]
```

(10) 只打印或显示 NumPy 数组 rand_arr 的小数点后 3 位数。

```
>>> import numpy as np
>>> rand_arr = np.random.random([5, 3])
>>> print(rand_arr)
[[0.33033427 0.05538836 0.05947305]
```

```
[0.36199439 0.48844555 0.26309599]
[0.05361816 0.71539075 0.60645637]
[0.95000384 0.31424729 0.41032467]
[0.36082793 0.50101268 0.6306832 ]]

>>> np.set_printoptions(precision = 3)
>>> print(rand_arr)
[[0.33  0.055  0.059]
[0.362  0.488  0.263]
[0.054  0.715  0.606]
[0.95  0.314  0.41 ]
[0.361  0.501  0.631]]
```

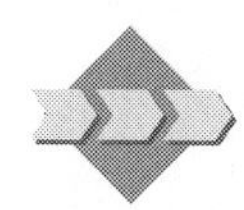

实验 5.2　Pandas 库的基础操作

【实验要求】

（1）掌握 Pandas 库的基本功能。

（2）掌握数据的导入与导出。

（3）掌握数据的统计与分组。

（4）掌握数据筛选和过滤功能。

【实验步骤】

（1）导入 Pandas 库。

导入 Pandas 库，设置别名为 pd，代码如下：

```
>>> import pandas as pd
```

（2）显示 Pandas 的版本号。

```
>>> print(pd.__version__)
1.0.5
```

（3）导入 staff.xlsx 文件。

```
>>> import pandas as pd
>>> df = pd.read_excel(r'D:\导入导出文件\staff.xlsx', usecols = ['gonghao', 'name','position',
'salary'])
#读取工号,姓名,职务,工资字段,使用默认索引
>>> print(df[:10])                                    #输出前5行数据
   gonghao  name    sex   birthday       position   salary
0    102    张蓝     女    1978-03-20     总经理     8000
1    301    李建设   男    1980-10-15       经理     5650
2    402    赵也声   男    1977-08-30       经理     4200
3    404    章曼雅   女    1985-01-12       经理     5650
4    704    杨明     男    1973-11-11     保管员     2100
```

(4) 用 describe()函数实现统计汇总。

```
>>> df.describe()
```

运行结果如图 5.1 所示。

	gonghao	salary
count	10.000000	10.000000
mean	772.700000	3834.000000
std	437.624408	2094.432832
min	102.000000	1860.000000
25%	402.500000	1995.000000
50%	902.500000	3530.000000
75%	1177.250000	5287.500000
max	1205.000000	8000.000000

图 5.1 decribe()函数运行结果

(5) 按照性别分组,查询女员工的工资。

```
>>> grouped = df.groupby('sex')                    # 按性别分组
>>> print (grouped.get_group('女'))                # 输出女员工的工资
   gonghao  name   sex     position   salary
0     102   张蓝    女      总经理      8000
3     404   章曼雅  女       经理       5650
6    1103   张其    女      业务员      1860
8    1203   任德芳  女      业务员      1960
9    1205   刘东珏  女      业务员      1860
```

(6) 查询男女各组的平均工资。

```
>>> grouped = df.groupby('sex')
>>> print(grouped['salary'].agg(np.mean))
sex
女     3866
男     3802
Name: salary, dtype: int64
```

执行上面的代码,可知女员工的平均工资为 3866 元,男员工的平均工资为 3802 元。

(7) 对数据源 staff.csv 中的数据,按照工资的降序进行排序并显示工资最高的 3 位员工。

```
>>> sorted_df = df. sort_values(by = 'staff')          # 按列的值排序
>>> sorted_df.head(3)                                   # 显示工资最高前 3 名
 gonghao     name   sex  position   salary
0   102       张蓝   女   总经理      8000
1   301     李建设   男   经理        5650
3   404     章曼雅   女   经理        5650
```

(8) 筛选工资低于 3000 元的员工。

```
>>> df_salary = df [(df.salary < 3000)]
>>> print(df_salary)
   gonghao  name  sex  position  salary
4      704  杨明    男  保管员    2100
6     1103  张其    女  业务员    1860
7     1202  石破天  男  业务员    2860
8     1203  任德芳  女  业务员    1960
9     1205  刘东珏  女  业务员    1860
```

(9) 计算男员工的最高工资和最低工资。

```
>>> df_max = df[(df.sex == '男')].salary.max()          #计算男员工的最高工资
>>> print(df_max)
5650
>>> df_min = df[(df.sex == '男')].salary.min()          #计算男员工的最低工资
>>> print(df_min)
2100
```

(10) 筛选 name、sex、position 3 列数据。

```
>>> df_filter = df.filter(items = ['name','sex', 'position'])     #筛选需要的列
>>> print(df_filter)
   name    sex  position
0  张蓝    女   总经理
1  李建设  男     经理
2  赵也声  男     经理
3  章曼雅  女     经理
4  杨明    男   保管员
5  王宜淳  男     经理
6  张其    女   业务员
7  石破天  男   业务员
8  任德芳  女   业务员
9  刘东珏  女   业务员
```

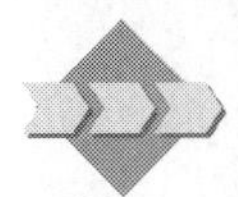

实验 5.3 Matplotlib 库的画图基础

【实验要求】

(1) 掌握 Matplotlib 库的画图基本功能。

(2) 掌握折线图的绘制方法。

(3) 掌握散点图的绘制方法。

(4) 掌握柱形图的绘制方法。

(5) 掌握饼图的绘制方法。

【实验步骤】

(1) 使用 pip 安装 Matplotlib。

```
pip install matplotlib
```

(2) 导入模块并起别名为 plt。

```
import matplotlib .pyplot as plt
```

(3) 简单绘图。

简单绘图命令格式如下：

```
plt.plot(x, y)                              #绘制 y = f(x) 的图像
plt.show()                                  #显示图像
```

下面绘制 10 个随机数构成的折线图,代码如下：

```
import numPy as np
import pandas as pd
import matplotlib .pyplot as plt
plt.show()                                  #图表窗口
plt.plot(np.random.rand(10))                #基础绘图
```

输出结果如图 5.2 所示。

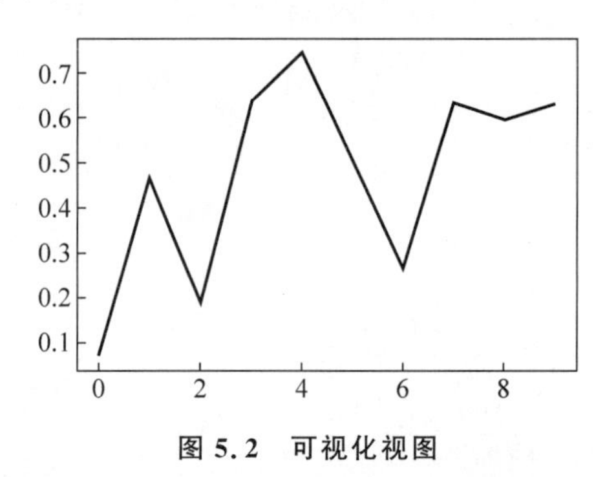

图 5.2 可视化视图

(4) 在 Matplotlib 中使用中文。

```
#在 Matplotlib 中使用中文
from pylab import mpl
mpl.rcParams['font.sans - serif'] = ['FangSong']   #指定默认字体为仿宋体
mpl.rcParams['axes.unicode_minus'] = False         #解决保存图像是负号'-'显示为方块的问题
```

(5) 绘制一个简单折线图。

折线图是以折线的上升或下降来表示统计数量的增减变化的统计图。

特点：能够显示数据的变化趋势,反映事物的变化情况。

绘制折线图需要调用 plot()函数,格式如下：

```
plt.plot(x, y)
```

下面实现由一个随机数构成的简单折线图，代码如下：

```
#简单折线图
import matplotlib .pyplot as plt
import pandas as pd
import numPy as np
#plt.rcParams['font.sans-serif'] = ['SimHei']                #用来正常显示中文标签
#plt.rcParams['axes.unicode_minus'] = False                  #用来正常显示负号
df = pd.DataFrame(np.random.rand(10,2),columns=['A','B'])
fig = df.plot(figsize=(8,4))                                 #创建图表窗口，设置窗口大小
plt.title('Title')                                           #图名
plt.xlabel('X轴')                                            #x轴标签
plt.ylabel('Y轴')                                            #y轴标签
plt.legend(loc = 'upper right')                              #显示图例，loc表示位置
plt.show()
```

这样一个简单的绘图就出来了，这里面有两条折线图，位于一块画布上，输出结果如图5.3所示。

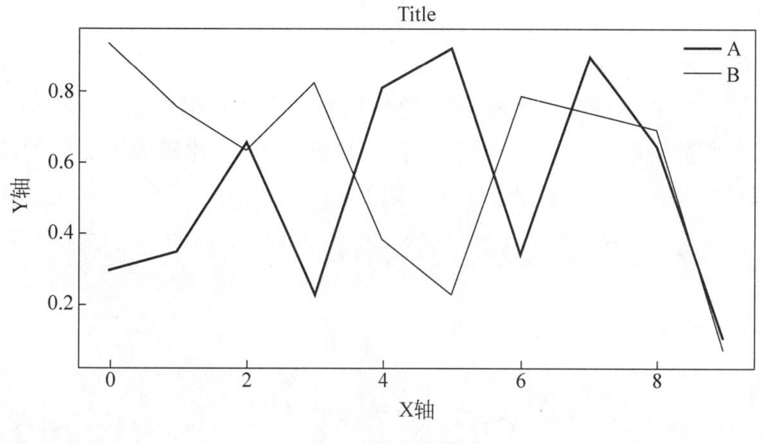

图5.3　简单折线图

(6) 绘制散点图。

散点图主要是表示x和y之间的关系。采用两组数据构成多个坐标点，考查坐标点的分布，判断两变量之间是否存在某种关联或总结坐标点的分布模式。

特点：判断变量之间是否存在数量关联趋势，展示离群点(分布规律)。

绘制散点图需要调用scatter()函数，格式如下：

```
plt.scatter(x, y)
```

使用NumPy.random模块中的randn()函数生成两组数据，使用scatter()函数绘制散点图，代码如下：

```
#绘制简单的散点图
x = np.random.randn(1000)
y = np.random.randn(1000)
plt.scatter(x,y)
```

```
plt.title('scatter')
plt.show()
```

输出结果如图 5.4 所示。

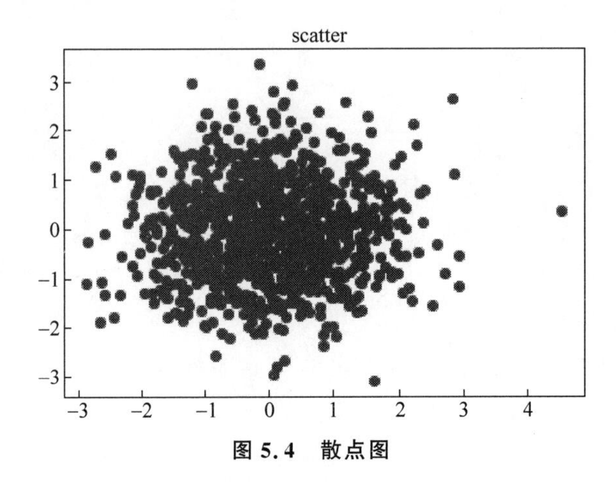

图 5.4　散点图

(7) 绘制简单的柱形图。

柱形图是将排列在工作表的列或行中的数据绘制到柱状图中。

特点：绘制离散的数据，能够一眼看出各个数据的大小，比较数据之间的差别。

绘制折线图需要调用 plot()函数，格式如下：

```
plt.bar(x, width, align='center', **kwargs)
```

实现绘制一个简单柱形图的代码如下：

```
#简单柱形图
import matplotlib.pyplot  as  plt
data = [5, 20, 15, 25, 10]
plt.bar(range(len(data)), data)
plt.show()
```

输出结果如图 5.5 所示。

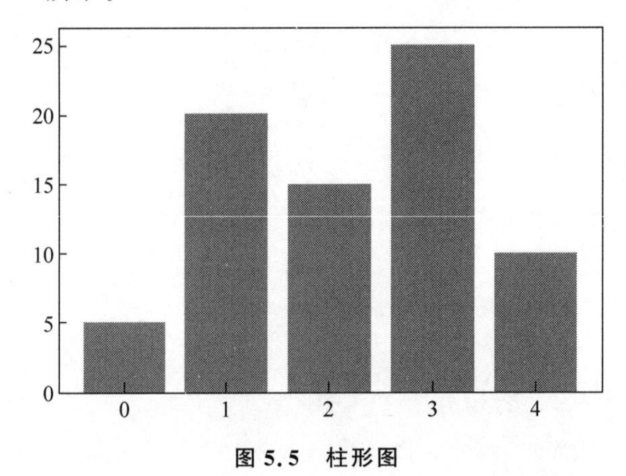

图 5.5　柱形图

(8) 统计各部门员工人数,绘制柱形图。

首先,导入"部门员工.csv"文件,显示部门员工表。

```
import pandas as pd
data = pd.read_csv(r'D:\导入导出文件\部门员工.csv')
data.head()
```

输出如图5.6所示的部门员工数据表。

	Unnamed: 0	gonghao	name	sex	birthday	department	position	salary
0	0	102	张蓝	女	1978-03-20	总经理室	总经理	8000
1	1	301	李建设	男	1980-10-15	人事部	经理	5650
2	2	402	赵也声	男	1977-08-30	财务部	经理	4200
3	3	404	章曼雅	女	1985-01-12	财务部	经理	5650
4	4	704	杨明	男	1973-11-11	书库	保管员	2100

图5.6　部门员工数据表

然后,计算每个部门的人数,这里需要用到循环语句实现在每个柱上显示标签。柱形图参数如下所示。

- get_x():表示每个柱形的x轴位置。
- i.get_width():表示每个柱形的宽度。
- i.get_height():表示每个柱形的高度。

绘制柱形图的代码如下:

```
#绘制柱形图
import matplotlib .pyplot as plt
plt.rcParams['font.sans-serif'] = ['SimHei']           #用来正常显示中文标签
dep = data['department'].value_counts()
print(dep)
b = plt.bar(dep.index,dep.values)                       #柱状图
plt.yticks(range(6))                                    #设置y轴显示1~5的数
for i in b:                                             #循环每个柱上显示人数的标签
    plt.text(i.get_x() + i.get_width() / 2,i.get_height() + 0.1,str(i.get_height()))
```

输出结果如图5.7所示。

(9) 绘制饼图。

接(8)中的实例,绘制饼图,格式如下:

```
plt.pie()
```

参数如下所示:

- startangle:设置饼图的起始角度。
- explode:每一块的顶点距离圆心的长度。
- autopct:设置比例值,小数位数保留几位。
- labeldistance:设置标签到圆心的距离。

绘制饼图的代码如下:

```
plt.pie(dep,labels = dep.index,autopct = '%.2f%%')
```

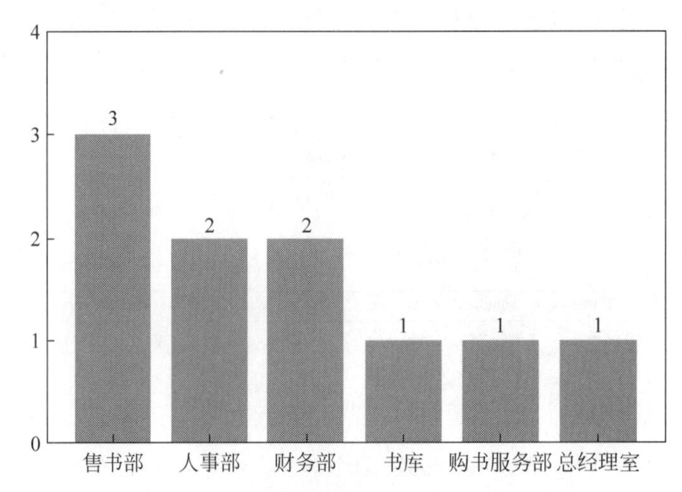

图 5.7　部门员工人数柱形图

输出结果如下：

```
([<Matplotlib.patches.Wedge at 0x20c92d546d0>,
  <Matplotlib.patches.Wedge at 0x20c92d54b80>,
  <Matplotlib.patches.Wedge at 0x20c92d63250>,
  <Matplotlib.patches.Wedge at 0x20c92d63880>,
  <Matplotlib.patches.Wedge at 0x20c92d63f10>,
  <Matplotlib.patches.Wedge at 0x20c92d6e5e0>],
 [Text(0.6465637441936395, 0.8899187180267095, '售书部'),
  Text(-0.8899187482945419, 0.6465637025335369, '人事部'),
  Text(-0.8899186272232008, -0.6465638691739386, '财务部'),
  Text(1.2873679044788556e-07, -1.0999999999999925, '书库'),
  Text(0.646563890003987, -0.8899186120892812, '购书服务部'),
  Text(1.046162214071612‌7, -0.3399185517867209, '总经理室')],
 [Text(0.3526711331965306, 0.48541020983275057, '30.00%'),
  Text(-0.4854102263424773, 0.3526711104728383, '20.00%'),
  Text(-0.48541016030356404, -0.3526712013676028, '20.00%'),
  Text(7.022006751702848e-08, -0.5999999999999959, '10.00%'),
  Text(0.3526712127294474, -0.48541015204869875, '10.00%'),
  Text(0.5706339349481523, -0.18541011915639322, '10.00%')])
```

绘制的部门员工人数比例饼图如图 5.8 所示。

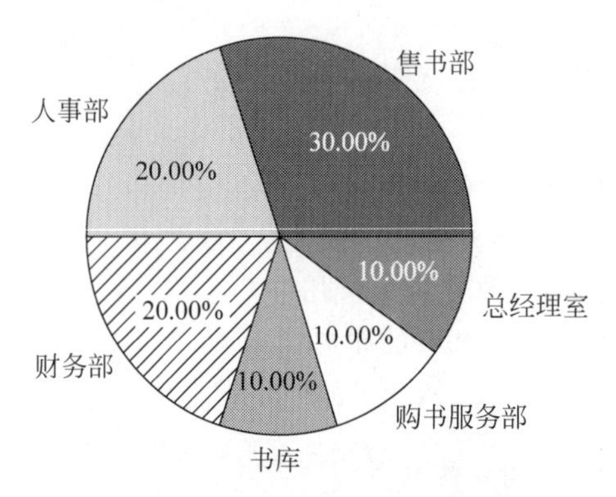

图 5.8　部门员工人数比例饼图

第6章 文本数据智能分析技术

【实验目的】

(1) 学会使用 Python 的工具库。

(2) 掌握正则表达式的数据抽取方法。

(3) 了解文本数据智能分析的基础理论知识。

(4) 熟练掌握文本数据智能分析基本技术。

(5) 了解数据可视化的基本操作。

【实验环境】

中文 Windows、Python 3.6、PyCharm、jieba、WordCloud、ImageIO、NumPy、Matplotlib。

【实验内容】

(1) 导入导出 TXT 文件。

(2) 编写爬虫爬取数据。

(3) 数据预处理。

(4) 中文分词。

(5) 词频统计、数据去重。

(6) 制作词云、制作条形图。

为了增加素材的多样性,分别对《红楼梦》《三国演义》和《水浒传》这3个文件进行操作,其中《红楼梦》读者可以自行爬取,《三国演义》和《水浒传》素材文件详见右方二维码。

素材文件

实验 6.1 文本数据的爬取

对于网络数据的采集,主要依靠网络爬虫来实现。网络爬虫是从一个网页出发,顺着该网页上的其他 URL 继续爬行,直到最后遍历 Web 并达到收集信息的目的。爬虫结构如图 6.1 所示。

《红楼梦》网址

【实验要求】

(1) 编写爬虫代码,爬取《红楼梦》全文,下载地址详见右方二维码。

(2) 将爬取到的数据导出到 TXT 文件并保存。

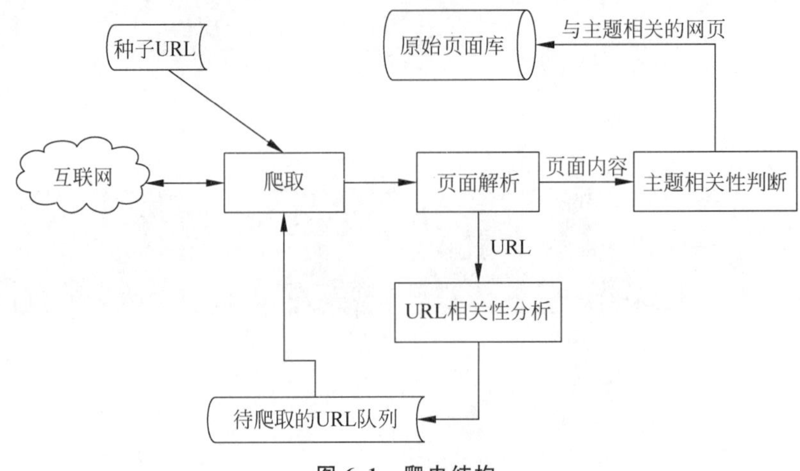

图 6.1　爬虫结构

(3) 将《红楼梦》全文的 TXT 文件导入 Python,并进行相应的编辑操作。

【素材列表】

(1) "红楼梦. txt"文件。

(2) "红楼梦爬取. py"代码。

【实验步骤】

(1) 打开 PyCharm,新建一个名为"红楼梦爬取. py"的 Python 文件,导入库文件。新建的"红楼梦爬取. py"文件如图 6.2 所示。

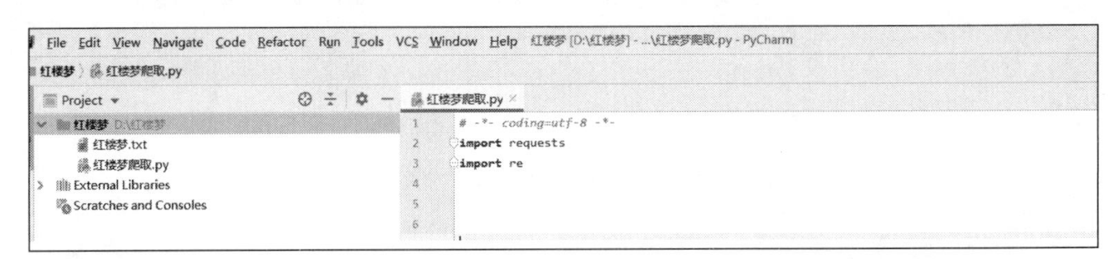

图 6.2　新建的"红楼梦爬取. py"文件

(2) 获取网页 URL。观察小说每章的 URL 变化规律。

http://www. purepen. com/hlm/001. htm

http://www. purepen. com/hlm/002. htm

…

http://www. purepen. com/hlm/044. htm

…

http://www. purepen. com/hlm/120. htm

通过观察发现,URL 前面的 http://www. purepen. com/hlm/部分都是相同的,URL 的结尾部分". htm"也是相同的,变化的只是它们中间的 3 位数字。而且小说第一章的 URL 中的中间部分是"001",第二章是"002"……第一百二十章是"120",即此部分与章的编号匹配。因此,根据上述规律构造函数获取小说每章页面的 URL,获取每章页面的 URL 代码,如图 6.3 所示。

```
def urlChange(i):
    global url
    if 0 < i < 10:
        url = 'http://www.purepen.com/hlm/00' + str(i) + '.htm'
    if 10 <= i <100:
        url = 'http://www.purepen.com/hlm/0' + str(i) + '.htm'
    if i >= 100:
        url = 'http://www.purepen.com/hlm/' + str(i) + '.htm'
    return url
```

图 6.3 获取每章页面的 URL 代码

(3) 观察小说每章页面的 HTML 源代码，明确我们可以利用哪些网页标签来定位小说的章节标题、文本内容。章节标题在 HTML 源代码中的位置如图 6.4 所示。章节标题位于< head >中的< title ></title >标签内，而文本内容位于< font color＝"＃000000" face＝"宋体" size＝"3"></font >标签内，通过正则表达式可以分别定位小说的章节标题、文本内容，同时将这些功能代码封装成一个 getNovelContent( )函数。

```
▼<head> == $0
  <meta http-equiv="Content-Type" content="text/html; charset=gb2312">
  <meta http-equiv="keywords" content="红楼梦, 古典小说红楼梦, 小说红楼梦, 红楼梦在
  楼梦在线, 红楼梦阅读, 阅读红楼梦, 曹雪芹, 高鹗">

  <title>《红楼梦》 第一百二十回 甄士隐详说太虚情  贾雨村归结红楼梦</title>
  <meta name="copyright" content="2006, purepen.com">
</head>
```

图 6.4 章节标题在 HTML 源代码中的位置

(4) 循环遍历《红楼梦》小说所有章节的 URL，通过调用 getNovelContent()函数来进行标题、文本内容爬取。爬取小说《红楼梦》总体代码如下：

```
# -*- coding = utf-8 -*-
import requests
import re
#爬取整本小说
def URLChange(i):
    global URL
    if 0 < i < 10:
        URL = 'http://www.purepen.com/hlm/00' + str(i) + '.htm'
    if 10 <= i < 100:
        URL = 'http://www.purepen.com/hlm/0' + str(i) + '.htm'
    if i >= 100:
        URL = 'http://www.purepen.com/hlm/' + str(i) + '.htm'
    return URL
def getNovelContent(i):
    URL = URLChange(i)
    response = requests.get(URL)
    response.encoding = 'gbk'
    result = response.text
```

```
        title_re = re.compile(r'<title>(.*?)</title>')
        text_re = re.compile(r'size=\"3\">(.*?)</font>', re.S)
        title = re.findall(title_re, result)
        text = re.findall(text_re, result)
        print(title[0])
        file = open('D://红楼梦//红楼梦.txt', 'a', encoding='utf-8')
        file.write(title[0] + '\n')
        file.write(text[1])
        file.close()
    i = 1
    while i <= 120:
        getNovelContent(i)
        i = i + 1
```

爬虫实验爬取结果如图 6.5 所示。

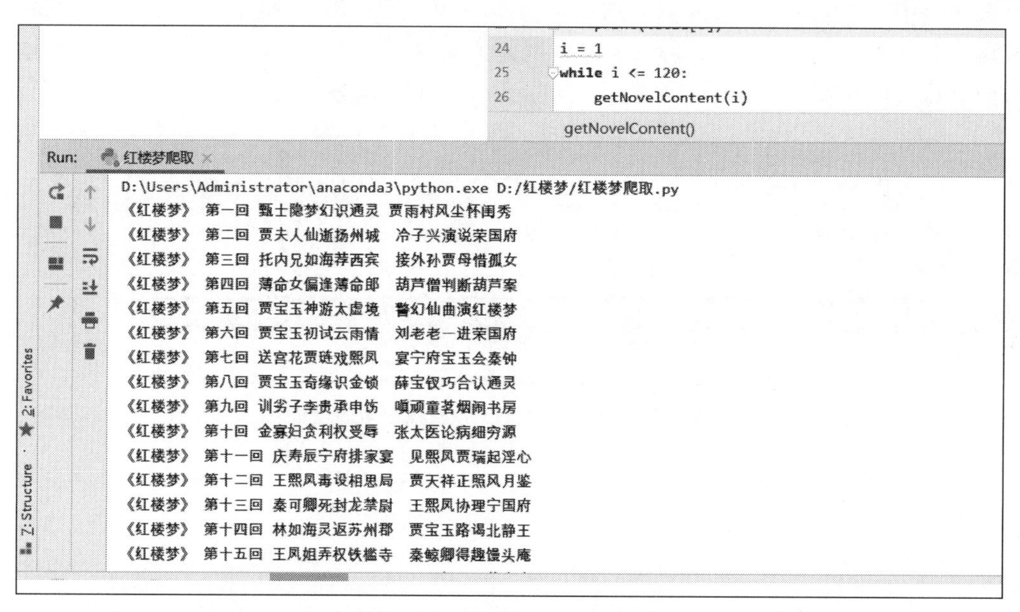

图 6.5 爬虫实验爬取结果

(5) 将爬取的《红楼梦》导出为 TXT 文件并保存。

在 D 盘下面创建一个名为“红楼梦.txt”的空白文本文件,那么在存储文本内容之前要先打开“红楼梦.txt”这个文件,代码如下:

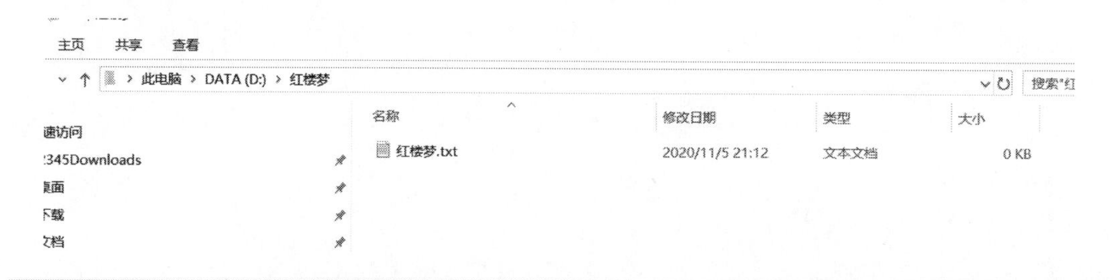


```
file = open("D://红楼梦//红楼梦.txt", "a", encoding='utf-8')
```

这里要注意以下 3 点。

① 文本文件如果自己未先创建，则其会自动创建一个新的文本文件。

② 因为这里是写文件，所以要加上“w”，赋予写权限。

③ 注意编码格式，一般为 utf-8。

打开“红楼梦.txt”，对其进行写操作。因为爬取的内容既有 title，又有 text，即分为标题和内容两部分，所以进行两次写入操作，代码如下：

```
file = open("D://红楼梦//红楼梦.txt", "a", encoding = 'utf - 8')
file.write(title[0] + "\n")
file.write(text[1])
file.close()
```

最后关闭文本文件。

注意，使用 open() 方法一定要保证关闭文件对象，即调用 close() 方法。

导出爬取的数据到 TXT 文件，如图 6.6 所示。

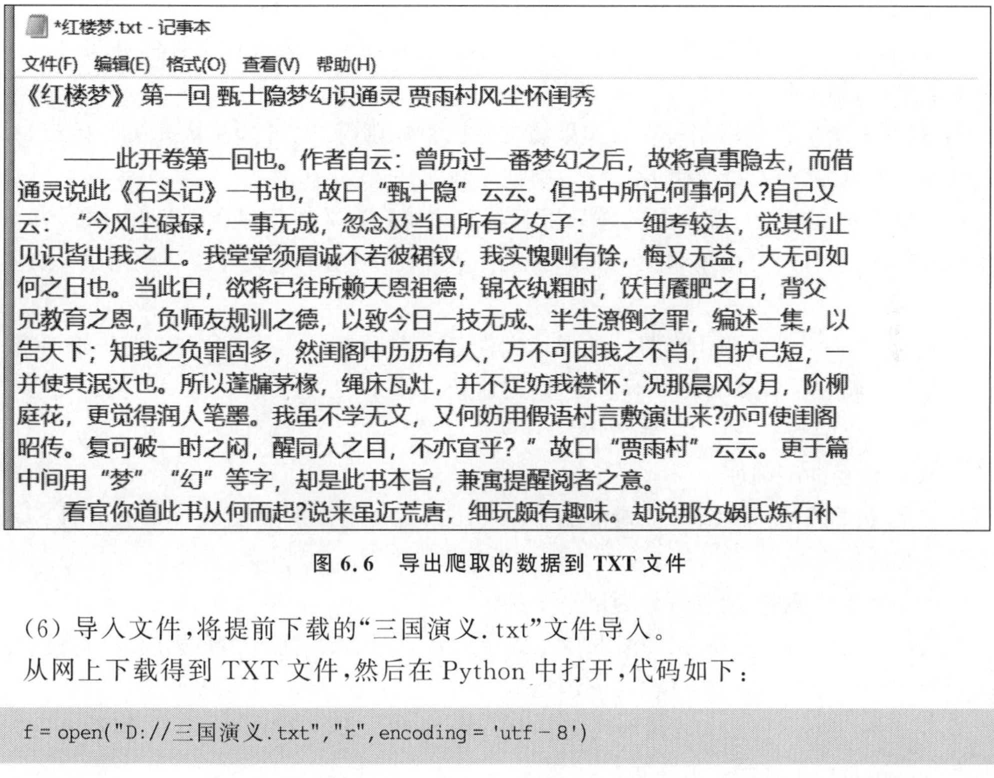

*红楼梦.txt - 记事本

文件(F) 编辑(E) 格式(O) 查看(V) 帮助(H)

《红楼梦》 第一回 甄士隐梦幻识通灵 贾雨村风尘怀闺秀

——此开卷第一回也。作者自云：曾历过一番梦幻之后，故将真事隐去，而借通灵说此《石头记》一书也，故曰“甄士隐”云云。但书中所记何事何人?自己又云：“今风尘碌碌，一事无成，忽念及当日所有之女子：——细考较去，觉其行止见识皆出我之上。我堂堂须眉诚不若彼裙钗，我实愧则有馀，悔又无益，大无可如何之日也。当此日，欲将已往所赖天恩祖德，锦衣纨袴之时，饫甘餍肥之日，背父兄教育之恩，负师友规训之德，以致今日一技无成、半生潦倒之罪，编述一集，以告天下；知我之负罪固多，然闺阁中历历有人，万不可因我之不肖，自护己短，一并使其泯灭也。所以蓬牖茅椽，绳床瓦灶，并不足妨我襟怀；况那晨风夕月，阶柳庭花，更觉得润人笔墨。我虽不学无文，又何妨用假语村言敷演出来?亦可使闺阁昭传。复可破一时之闷，醒同人之目，不亦宜乎？”故曰“贾雨村”云云。更于篇中间用“梦”“幻”等字，却是此书本旨，兼寓提醒阅者之意。

看官你道此书从何而起?说来虽近荒唐，细玩颇有趣味。却说那女娲氏炼石补

图 6.6 导出爬取的数据到 TXT 文件

(6) 导入文件，将提前下载的“三国演义.txt”文件导入。

从网上下载得到 TXT 文件，然后在 Python 中打开，代码如下：

```
f = open("D://三国演义.txt","r",encoding = 'utf - 8')
```

Python 的 open()方法用于打开一个文件，并返回文件对象，在对文件进行处理过程中都需要使用到此方法。如果该文件无法被打开，会抛出 OSError。文件打开异常如图 6.7 所示。

open()函数的常用形式是接收两个参数：file(文件名)和 mode(模式)。完整的语法格式如下：

```
open(file, mode = 'r', buffering = - 1, encoding = None, errors = None, newline = None, closefd =
True, opener = None)
```

```
Traceback (most recent call last):
  File "D:/红楼梦/import.py", line 3, in <module>
    f=open("D://三国演义.txt","r",encoding='utf-8')
FileNotFoundError: [Errno 2] No such file or directory: 'D://三国演义.txt'

Process finished with exit code 1
```

图 6.7 文件打开异常

常用的 mode 参数如下所述。

t：文本模式（默认）。

b：二进制模式。

r：以只读方式打开文件。文件的指针将放在文件的开头。这是默认模式。

rb：以二进制格式打开一个文件用于只读。文件指针将会放在文件的开头。这是默认模式。一般用于非文本文件，如图片等。

r+：打开一个文件用于读写。文件指针将会放在文件的开头。

rb+：以二进制格式打开一个文件用于读写。文件指针将会放在文件的开头。一般用于非文本文件，如图片等。

w：打开一个文件只用于写入。如果该文件已存在则打开文件，并从开头开始编辑，即原有内容会被删除。如果该文件不存在，则创建新文件。

wb：以二进制格式打开一个文件只用于写入。如果该文件已存在则打开文件，并从开头开始编辑，即原有内容会被删除。如果该文件不存在，则创建新文件。一般用于非文本文件，如图片等。

w+：打开一个文件用于读写。如果该文件已存在则打开文件，并从开头开始编辑，即原有内容会被删除。如果该文件不存在，则创建新文件。

这里要注意两点。

① 文件路径的准确性。

② 从网上下载的文件编码格式可能不是 utf-8，这时需要手动更改。修改文件编码格式如图 6.8 所示。

打开文件之后读取，读取可分为以下 3 种。

① file.read([size])：从文件读取指定的字节数，如果未给定或为负则读取所有内容。

② file.readline([size])：读取整行，包括 "\n" 字符。

③ file.readlines([size])：读取所有行并返回列表。若给定 sizeint > 0，则设置一次读多少字节。这是为了减轻读取压力。

这里给出 file.read([size])和 file.readlines([size])方法的示例。

① file.read([size])，首先把读取内容赋给 str 这个变量，之后打印 str，代码如下：

```
f = open("D://红楼梦//三国演义.txt","r",encoding = 'utf - 8')
str = f.read()
print(str)
f.close()
```

图 6.8　修改文件编码格式

② file.readlines([size]),先将文件所有行都读取出来,将它赋给变量 lines,之后利用 for 循环语句,用变量 line 将 lines 一行行遍历出来,同时进行打印,代码如下:

```
f = open("D://红楼梦//三国演义.txt","r",encoding = 'utf - 8')
lines = f.readlines()
for line in lines:
    print(line)
f.close()
```

最后就是关闭文件。注意,使用 open() 方法一定要保证关闭文件对象,即调用 close() 方法。

实验 6.2　文本数据的预处理

【实验内容】

(1) 去除"红楼梦.txt"中的中英文标点符号。

(2) 将"红楼梦_繁体.txt"中的繁体字转换为简体字。

【实验素材】

(1) 红楼梦_繁体.txt。

(2) pretreatment.py。

(3) zn_conv.py。

【实验步骤】

(1) 打开 PyCharm 新建一个名为"pretreatment.py"的 Python 文件,导入库文件,导入

re、codecs包用于正则表达式和编码格式的转换。

```
from string import punctuation
import re
import sys
import importlib
    import codecs
importlib.reload(sys)
```

(2) 在文件夹中新建一个名为“红楼梦_clean.txt”的文件，用来保存去除了标点符号的文本内容。由于在“红楼梦.txt”文件中包含了如下中文和英文标点符号：.、,、;、《、》、?、!、“、”、‘、’、@、#、¥、%、…、&、×、(、)、——、+、【、】、{、}、;、; 、●、,、。、&、~、、、|、\、s、:、:，所以先将原文件“红楼梦.txt”读入，然后再逐行由正则表达式将标点符号转换为空格，并保存到“红楼梦_clean.txt”中，代码如下：

```
from string import punctuation
import re
import sys
import importlib
importlib.reload(sys)
import codecs
#英文标点符号 + 中文标点符号
punc = punctuation + u'.,;«»?!""´´@#¥%…&×()——+【】{};; ●,.&~、|\s::
print(punc)
fr = codecs.open("D://红楼梦//红楼梦.txt",encoding = 'utf - 8')
fw = codecs.open("D://红楼梦//红楼梦_clean.txt","w",encoding = 'utf - 8')
#利用正则表达式替换为一个空格
for line in fr:
    line = re.sub(r"[{}] + ".format(punc)," ",line)
    fw.write(line + '')
    fr.close()
    fw.close()
```

去除文本中的标点符号如图6.9所示，在“红楼梦_clean.txt”中所有的标点符号均被空格所替换。

(3) 在D:\红楼梦目录下新建一个名为“红楼梦_简体.txt”的文本文件，并在PyCharm中新建一个名为zn_conv.py的Python文件，然后导入OpenCC库、Codes库，OpenCC库是一个开源的中文简繁转换库，这里在导入OpenCC之前需要额外安装OpenCC库，在Windows界面下输入cmd打开控制台窗口，输入pip install opencc-Python-reimplemented并按Enter键开始安装。等待几秒，安装完成后便可以轻松进行中文简繁的转换了，安装OpenCC库如图6.10所示。

(4) 将预先准备好的“红楼梦_繁体.txt”文件导入，并将其转换为简体文字，输出保存在“红楼梦_简体.txt”中，在编写的代码中主要包含了两个转换函数Simplified()函数和Traditional()函数，用于将繁简体转换。在OpenCC库中有4种模式转换，t2s表示将繁体转换为简体，s2t表示将简体转换为繁体，mix2t表示将混合体转换为繁体，mix2s表示将混合体转换为简体。然后读入繁体的《红楼梦》将其每一行转换为简体，然后保存到红“楼梦_

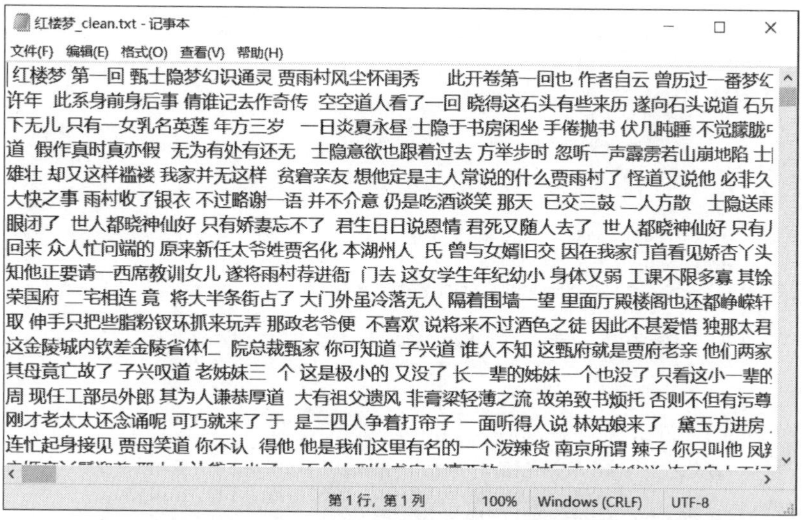

图 6.9　去除文本中的标点符号

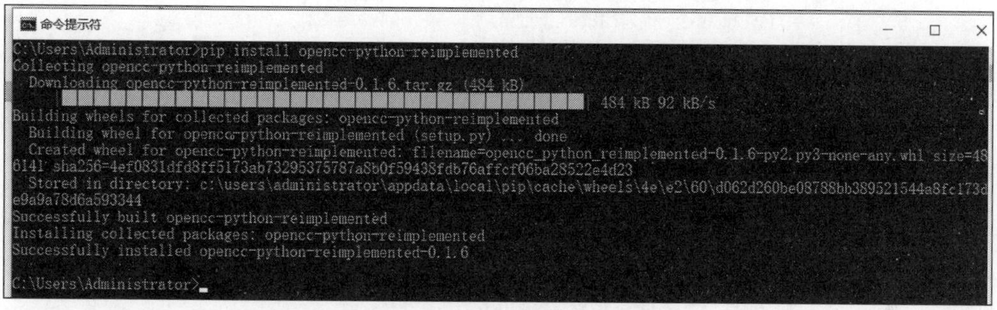

图 6.10　安装 OpenCC 库

简体.txt”文件中，转换代码如下所示。《红楼梦》的繁体版如图 6.11 所示，转换后的简体版如图 6.12 所示。

```
from opencc import OpenCC
import codecs
#繁体转换为简体
def Simplified(sentence):
    cc = OpenCC('t2s')
    sen = cc.convert(sentence)
    print('\n 处理后的句子为:\n' + sen)
    return sen

#简体转换为繁体
def Traditional(sentence):
    cc = OpenCC('s2t')
    sen = cc.convert(sentence)
    print('\n 处理后的句子为:\n' + sen)
    return sen
fr = codecs.open("D://红楼梦//红楼梦_繁体.txt","r",encoding = 'utf - 8')
fw = codecs.open("D://红楼梦//红楼梦_简体.txt","w",encoding = 'utf - 8')
```

```
    lines = fr.readlines()
    for line in lines:
        fw.write(str(Simplified(line)))
    fw.close()
    fr.close()
```

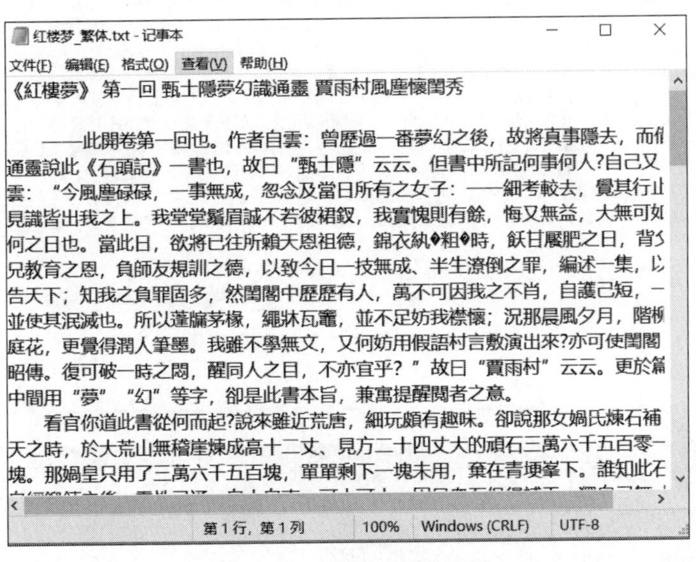

图 6.11 《红楼梦》的繁体版

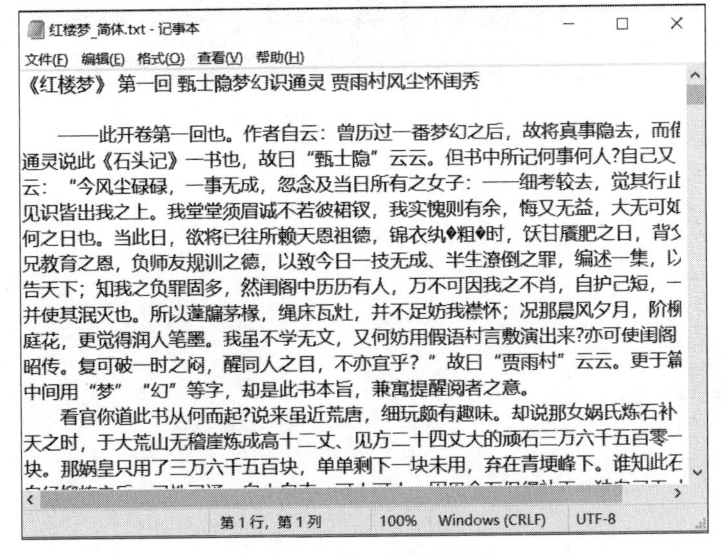

图 6.12 转换后的简体版

实验 6.3 中文分词

分词是将连续的字序列按照一定的规范重新组合成词序列的过程。中文分词指将一个汉字序列切分成一个个单独的词。在英文的行文中，单词之间是以空格作为自然分界符的，而中文只是字、句和段能通过明显的分界符来简单划界，唯独词没有一个形式上的分界符，虽然英文也同样存在短语的划分问题，不过在词这一层上，中文分词比英文更加复杂。词是中文表达语义的最小单位，自然语言处理的基础步骤就是分词，分词的结果对中文信息处理尤为关键。

【实验要求】

(1) 了解分词的原理以及用法。

(2) 掌握 jieba 库的安装及使用。

(3) 熟练使用 jieba 分词的 3 种模式对文本进行切分。

(4) 掌握停用词表的使用方法，并能自己构建停用词表。

【实验素材】

(1) jieba 库。

(2) 红楼梦. txt。

(3) cn_stopwords. txt(中文停用词表)。

(4) divide. py 文件(3 种模式划分句子)。

(5) divide2. py 文件(精确模式划分《红楼梦》)。

【实验步骤】

(1) 首先，需要在计算机上安装 Python，Mac OS 是自带 Python 的系统，可以忽略这步。然后，需要安装 jieba 库，打开控制台，如图 6.13 所示。

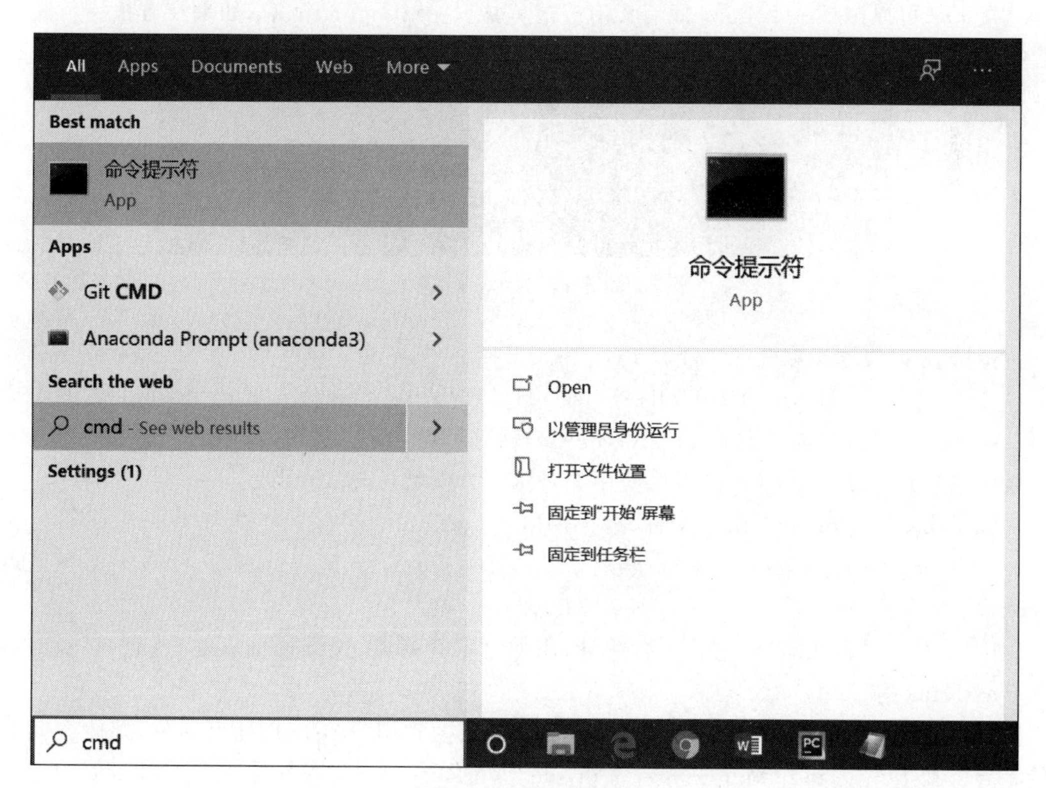

图 6.13　打开控制台

进入控制台窗口后，输入 pip install jieba(如果是 pip3 则输入 pip3 install jieba)。输入完成，等待 jieba 库安装完成后，输入 python 进入 Python 环境，如图 6.14 所示。

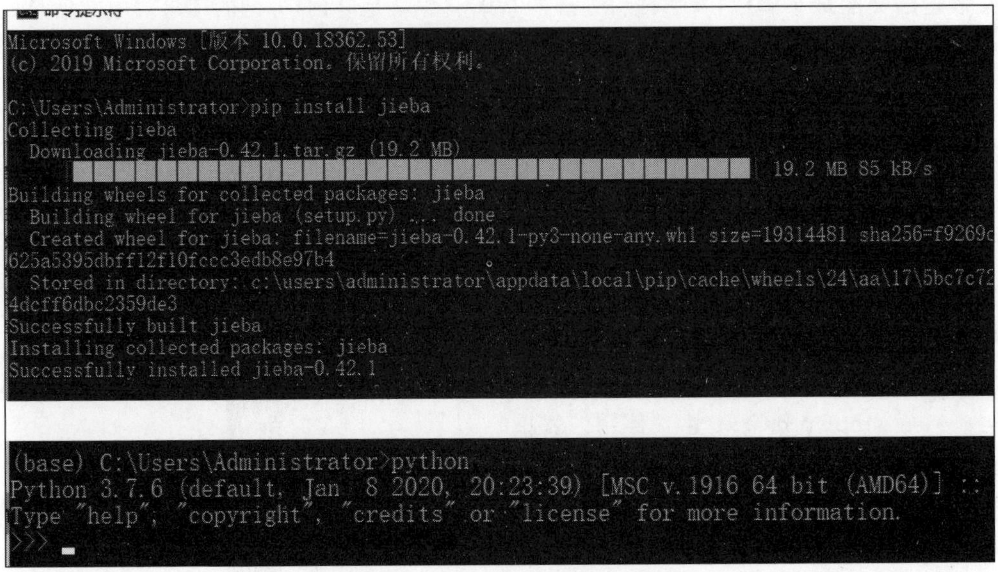

```
Microsoft Windows [版本 10.0.18362.53]
(c) 2019 Microsoft Corporation。保留所有权利。

C:\Users\Administrator>pip install jieba
Collecting jieba
  Downloading jieba-0.42.1.tar.gz (19.2 MB)
     |████████████████████████████████| 19.2 MB 85 kB/s
Building wheels for collected packages: jieba
  Building wheel for jieba (setup.py) ... done
  Created wheel for jieba: filename=jieba-0.42.1-py3-none-any.whl size=19314481 sha256=f9269c
625a5395dbff12f10fccc3edb8e97b4
  Stored in directory: c:\users\administrator\appdata\local\pip\cache\wheels\24\aa\17\5bc7c72
4dcff6dbc2359de3
Successfully built jieba
Installing collected packages: jieba
Successfully installed jieba-0.42.1

(base) C:\Users\Administrator>python
Python 3.7.6 (default, Jan  8 2020, 20:23:39) [MSC v.1916 64 bit (AMD64)] ::
Type "help", "copyright", "credits" or "license" for more information.
>>>
```

图 6.14　进入 Python 环境

接下来可以测试一下 jieba 库有没有安装完成，输入 import jieba，如果没有报错就是安装完成，导入 jieba，如图 6.15 所示。

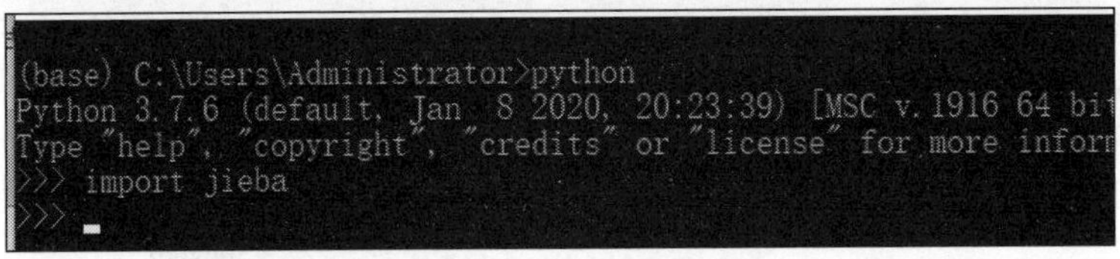

```
(base) C:\Users\Administrator>python
Python 3.7.6 (default, Jan  8 2020, 20:23:39) [MSC v.1916 64 bit
Type "help", "copyright", "credits" or "license" for more inform
>>> import jieba
>>>
```

图 6.15　导入 jieba

jieba 分词使用参数介绍如下所述。

① jieba.cut(sentence, cut_all=False, HMM=True, use_paddle=False) 返回生成器。sentence 代表分词对象；cut_all=False 表示默认为精准模式，若改为 cut_all=True，则表示全模式；HMM=True，默认使用隐马尔可夫模型，一般不用改。

② jieba.cut_for_search(sentence, HMM=True)表示搜索引擎模式，返回生成器。

③ jieba.lcut(* args, ** kwargs)和 jieba.lcut_for_search(* args, ** kwargs)默认返回列表。

jieba 库有很多功能，如进行词频统计、添加自定义词典、关键词抽取等，还有一些算法，如 TextRank 等。

(2) 将给出的例句分别使用全模式、精确模式、搜索引擎模式来进行划分，并体会其中的差异。在 PyCharm 中新建一个名为 divide.py 的 Python 文件并导入 jieba 库，使用 3 种模式分别对例句进行划分，代码如下：

```
# - * - coding: utf - 8 - * -
"""
jieba 分词测试
"""
import jieba
#全模式
test1 = jieba.cut("杭州西湖风景很好,是旅游胜地!", cut_all = True)
print("全模式: " + "| ".join(test1))
#精确模式
test2 = jieba.cut("杭州西湖风景很好,是旅游胜地!", cut_all = False)
print("精确模式: " + "| ".join(test2))
#搜索引擎模式
test3 = jieba.cut_for_search("杭州西湖风景很好,是旅游胜地,每年吸引大量前来游玩的游客!")
print("搜索引擎模式:" + "| ".join(test3))
```

jieba 划分结果如图 6.16 所示。可见用全模式划分的粒度很细,会把文本中所有可能的词语都扫描出来,可能会存在冗余,并且不能解决歧义。分词工厂默认设置的是精确模式,精确模式能将句子精确地分开,它能很好地将句子符合语义地拆分成需要的词汇,适合文本分析。搜索引擎模式是在精确模式的基础上,对长词再次切分,提高召回率(召回率也被称作查全率,指的是正确被检索的样本占总样本的比例),适用于搜索引擎分词。

```
divide ×
D:\Users\Administrator\anaconda3\python.exe D:/红楼梦/divide.py
Building prefix dict from the default dictionary ...
Dumping model to file cache C:\Users\ADMINI~1\AppData\Local\Temp\jieba.cache
Loading model cost 1.222 seconds.
Prefix dict has been built successfully.
全模式: 杭州| 西湖| 风景| 很| 好| ,| 是| 旅游| 旅游胜地| 胜地| !
精确模式: 杭州| 西湖| 风景| 很| 好| ,| 是| 旅游胜地| !
搜索引擎模式:杭州| 西湖| 风景| 很| 好| ,| 是| 旅游| 胜地| 旅游胜地| ,| 每年| 吸引| 大量| 前来| 游玩| 的| 游客| !
```

图 6.16 jieba 划分结果

(3) 使用 jieba 库精确模式对《红楼梦》进行划分,并导入停用词表,去除停用词,划分的词之间采用“|”隔开。首先在 PyCharm 下新建一个名为 divide3. py 的 Python 文件,然后导入 jieba 库,由于在分词以后往往还需要对词频进行统计,因此需要将一些无关的停用词(如这、那么、所以、然后等)去掉,可以选择自己构建停用词表,或者使用已有的停用词表,这里选择在 GitHub 上下载常用的停用词表。在 GitHub 上下载停用词表可扫描右方的二维码,停用词表下载如图 6.17 所示。4 个停用词表分别为百度停用词表、中文停用词表、哈尔滨工业大学停用词表以及四川大学机器智能实验室停用词库。

停用词表

下载后解压选择的中文停用词表并放到“D:/红楼梦”文件夹下,然后在 Python 中加载停用词表。在代码中定义了 stopwordslist()函数和 seg_sentence()函数,分别用于创建停用词和进行分词操作。stopwordslist()函数将停用词表读入到一个列表中,并返回此列表;

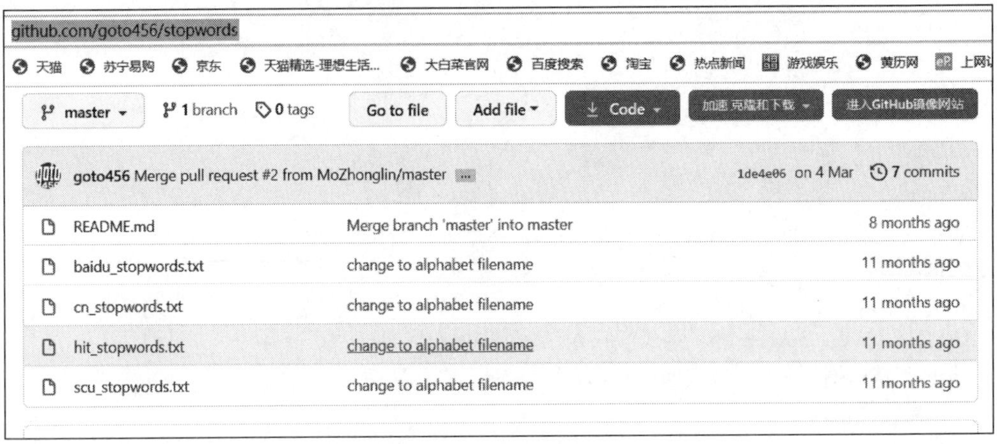

图 6.17　停用词表下载

seg_sentence()函数使用精确划分模式，并导入停用词表，在切分后将停用词去除掉，并返回最后的结果。最后的 for 循环用于将划分好的句子逐行写入“红楼梦_分词.txt”文件中，并关闭文件。分词代码如下：

```
import jieba
#创建停用词列表
def stopwordslist(filepath):
    stopwords = [line.strip() for line in open(filepath, 'r',encoding = 'utf - 8').readlines()]
    return stopwords
#对句子进行分词
def seg_sentence(sentence):
    sentence_seged = jieba.cut(sentence.strip())
    stopwords = stopwordslist('D://红楼梦//cn_stopwords.txt')  #这里加载停用词的路径
    outstr: str = ''
    for word in sentence_seged:
        if word not in stopwords:
            if word != '\t':
                outstr += word
                outstr += "|"
    return outstr
inputs = open("D://红楼梦//红楼梦.txt", 'r',encoding = 'utf - 8') #加载要处理的文件的路径
outputs = open("D://红楼梦//红楼梦_分词.txt", 'w',encoding = 'utf - 8')  #加载处理后的文件路径
for line in inputs:
    line_seg = seg_sentence(line)                          #这里的返回值是字符串
    outputs.write(line_seg)
outputs.close()
inputs.close()
```

《红楼梦》分词处理结果如图 6.18 所示。可见，采用精确划分的方法，确实能很好地将句子符合语义地拆分成需要的词汇。

图 6.18　《红楼梦》分词处理结果

实验 6.4　词性标注

词性标注又称为词类标注，简称标注，是指为分词结果中的每个单词标注一个正确的词性的程序，也即确定每个词是名词、动词、形容词或者其他词性的过程。

【实验要求】

(1) 了解 jieba 库中的 cut()方法与 pooseg. cut()方法的区别。

(2) 熟悉词性标注的各种符号表示的含义。

(3) 体会词性标注的用途。

【实验素材】

(1) 水浒传. txt。

(2) wordFormation. py。

(3) 水浒传_wordFormation. txt。

【实验步骤】

(1) 导入 jieba 库下面的 posseg，并给它取一个别名 pseg，用于进行分词和词性标注工作，代码如下：

```
import jieba.posseg as pseg
```

(2) 将实验前准备好的“水浒传. txt”读入到 Python 中。“水浒传. txt”中包含了一段白话文本。“水浒传. txt”文件如图 6.19 所示。

(3) 使用 posseg 提供的 cut()方法进行分词和词性标注，前面使用的是 jieba. cut()来进行分词操作，这里我们使用的是 jieba. posseg. cut()，虽然二者原理都一样，先使用词典，然后进行 HMM 新词发现。但是 posseg. cut()方法的 HMM 的模型是结合了词性的，意思是分词和词性在一个 HMM 里面。标签是(B,v) 这样的，第一个是分词的标签，第二个是词性的标签，合起来作为 HMM 模型的状态。然后将划分好的词语及标注好的词性写入“水浒传_wordFormation. txt 文件”中，代码如下：

```
水浒传.txt - 记事本
文件(F) 编辑(E) 格式(O) 查看(V) 帮助(H)
五代十国，天下大乱，纷纷扰扰达五十余年。后周殿前都点检赵匡胤陈桥兵变，黄袍加身，定都东京汴梁，国号大宋，为太
洪信领了圣旨，带了数十名随从，直奔江西信州贵溪县。不止一日，洪信一行人马来到信州，大小官员迎接了，次日陪同洪
" 洪太尉问： "那怎么办?" 住持说： "天子要救万民，只有请太尉斋戒沐浴，自背圣旨，焚烧御香，步行上山叩拜天师，了
第二天天不亮，众道士便伺候洪太尉香汤沐浴，换了布衣麻鞋，吃了素斋，用黄布包了圣旨，背在背上，手提银香炉，烧着
住持慌忙相劝，怎能劝得下?太尉命众人搬开石龟，掘有三四尺深，见有一块青石板。众人撬开石板，洪信探头一看，是个
```

图 6.19 “水浒传.txt”文件

```
import jieba.posseg as pseg
p = open(r'D://红楼梦//水浒传.txt', 'r', encoding = 'gbk')
q = open(r'D://红楼梦//水浒传_wordFormation.txt', 'w', encoding = 'gbk')
for line in p.readlines():
    words = pseg.cut(line)
    for word, flag in words:
        q.write(str(word) + str(flag) + "  ")
    q.write('7')
```

分词结果如图 6.20 所示。

```
水浒传_wordFormation.txt - 记事本
文件(F) 编辑(E) 格式(O) 查看(V) 帮助(H)
五代十国nz ，x 天下大乱i ，x 纷纷扰扰i 达v 五十余年m 。x 后周t 殿n 前f 都d 点检v 赵匡胤nr 陈桥nr 兵变n ，x 黄袍加身n ，x 定
x
洪信nr 领v 了ul 圣旨n ，x 带v 了ul 数十名m 随从p ，x 直奔v 江西ns 信州ns 贵溪ns 县zg 。x 不止v 一日m ，x 洪信nr 一行m 人
x
" x 洪太尉nr 问n ：x "x 那r 怎么办l ?x " x 住持v 说v ：x "x 天子n 要救v 万民n ，x 只有c 请v 太尉nr 斋戒沐浴nr ，x 自p 背
x
第二天m 天q 不亮a ，x 众ng 道士n 便d 伺候v 洪太尉nr 香汤n 沐浴v ，x 换v 了ul 布衣n 麻鞋n ，x 吃v 了ul 素n 斋ng ，x 用p
 若是c 见v 不到v 天师n ，x 回头v 再d 跟p 道士n 们k 算账v 。x 洪信nr 正要a 前行v ，x 忽d 听v 一阵m 悠扬a 的uj 笛声n 由p
什么r 殿n ?x " x 住持v 说v ：x "x 这r 是v 大唐nz 洞玄n 国师n 封锁nr 魔王n 的uj ，x 每zg 一代m 天师n 都d 要v 加v 一道m
x
住持v 慌忙ad 相劝v ，x 怎r 能v 劝v 得ud 下f ?x 太尉nr 命n 众人n 搬开v 石龟n ，x 掘有v 三四尺m 深a ，x 见v 有v 一块m 青
```

图 6.20 分词结果

（4）在词性标注结果中，可以看到中文的标点符号被标记为 x，表示是非语素字；“五代十国”被标注为 nz，表示是专有名词；“天下大乱”被标注为 i，表示是成语。可见，词性标注结果较为准确。

实验 6.5 词频统计

【实验要求】

（1）学会利用 Python 对文本中出现的词语进行统计。

（2）掌握中文分词方法、jieba 库。

【实验素材】

（1）红楼梦.txt。

（2）jieba 库。

（3）statistic.py。

【实验步骤】

（1）用计算机读取。将给定的文本“红楼梦.txt”导入 Python，代码如下：

```
#读取«红楼梦»
f = open("D://红楼梦//红楼梦.txt", "r", encoding = 'utf - 8')
content = f.read()
f.close()
```

（2）用计算机辨认出人名。但计算机没有人类聪明，看到“宝玉”两个字，它不知道这是一个词，更不可能知道这是一个人名。那么计算机会怎么做？首先它会进行分词处理，利用 Python 的 jieba 库对小说的文本进行切分，代码如下：

```
import jieba
f = open("D://红楼梦//红楼梦.txt ", "r", encoding = 'utf - 8') #读取«红楼梦»
content = f.read()
f.close()
words = jieba.lcut(content)                                    #分词
```

（3）用计算机找容器，边记录人名边计数。在现实中怎样来实现这一步？宝玉：10，贾母：5，凤姐：4……在计算机中可利用 Python 中的一种数据结构——字典。字典是另一种可变容器模型，且可存储任意类型对象。字典的每个键值对用冒号分隔，每个对之间用逗号分隔，所有元素包括在花括号中，格式为 d={key1:valuel,ey2:value2}。在 Python 中创建一个空字典，然后根据分词结果，利用一个 for 循环，遍历所有词语。第一次出现的词语就将这个词语添加到字典，并且将其计数为 1；不是第一次出现的词语就直接将它的计数加 1，代码如下：

```
box = {}
for word in words:
    if word in box:
        box[word] += 1
    else:
        box[word] = 1
print(box)
```

运行结果如图 6.21 所示，方框里面的是一些干扰词，它们本身不代表人名，但是出现次数却很多，如果将这些干扰词也进行排序，则会对结果产生干扰，所以要把这些干扰词尽可能去掉。观察这些干扰词可发现，很多都是字符长度为 1 的词。因此，词语添加进容器并进行计数之前可增加一个条件，当且仅当词语字符长度大于 1，才能被添加进容器。即在代码中增加一个 if 判断，代码优化如下：

```
for word in words:
    if len(word) > 1:
        if word in box:
            box[word] += 1
        else:
            box[word] = 1
```

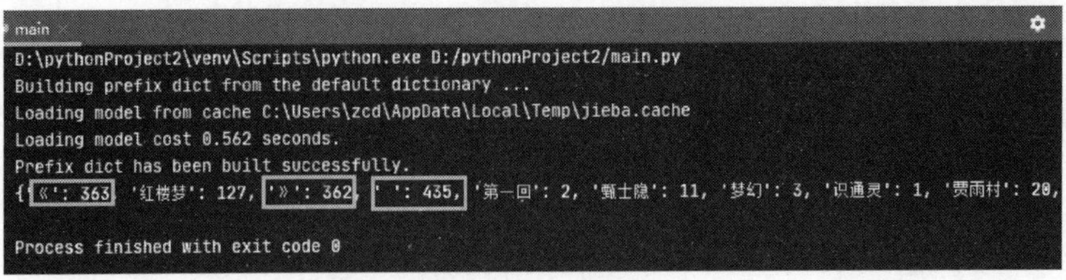

```
main
D:\pythonProject2\venv\Scripts\python.exe D:/pythonProject2/main.py
Building prefix dict from the default dictionary ...
Loading model from cache C:\Users\zcd\AppData\Local\Temp\jieba.cache
Loading model cost 0.562 seconds.
Prefix dict has been built successfully.
{'«': 363, '红楼梦': 127, '»': 362, ' ': 435, '第一回': 2, '甄士隐': 11, '梦幻': 3, '识通灵': 1, '贾雨村': 20,

Process finished with exit code 0
```

图 6.21　运行结果

运行结果如图 6.22 所示,可见结果已被优化。

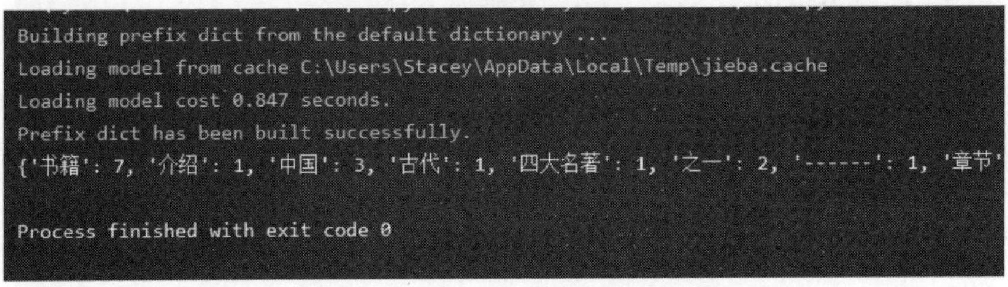

```
Building prefix dict from the default dictionary ...
Loading model from cache C:\Users\Stacey\AppData\Local\Temp\jieba.cache
Loading model cost 0.847 seconds.
Prefix dict has been built successfully.
{'书籍': 7, '介绍': 1, '中国': 3, '古代': 1, '四大名著': 1, '之一': 2, '------': 1, '章节'

Process finished with exit code 0
```

图 6.22　运行结果

(4) 用计算机对词语进行排序。也就是根据字典 box 容器中的键值对的值进行排序,但是字典没有直接实现排序的方法,而列表有,则可将字典转换为列表,即将字典中的键值对放入列表,代码如下:

```
hist = list(box.items())
hist.sort(key = lambda x: x[1], reverse = True)
```

(5) 用计算机取出排在最前面的人名。首先打印出 hist,排序之后的词语分布情况如图 6.23 所示。

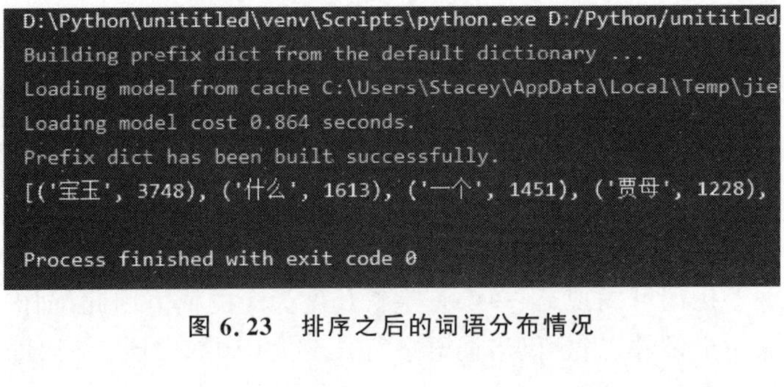

```
D:\Python\unititled\venv\Scripts\python.exe D:/Python/unititled
Building prefix dict from the default dictionary ...
Loading model from cache C:\Users\Stacey\AppData\Local\Temp\jie
Loading model cost 0.864 seconds.
Prefix dict has been built successfully.
[('宝玉', 3748), ('什么', 1613), ('一个', 1451), ('贾母', 1228),

Process finished with exit code 0
```

图 6.23　排序之后的词语分布情况

可见列表的第一个值,其中的词语就是一个人名,然后取出排名前 30 的词进行打印,整体代码如下:

```
import jieba
#读取«红楼梦小说»
f = open("D://红楼梦//红楼梦.txt", "r", encoding = 'utf - 8')
content = f.read()
```

```
f.close()
#分词
words = jieba.lcut(content)

#统计
box = {}
for word in words:
    if len(word) > 1:
        if word in box:
            box[word] += 1
        else:
            box[word] = 1
#排序
hist = list(box.items())
hist.sort(key = lambda x: x[1], reverse = True)
#打印结果
for i in range(30):
  word, count = hist[i]
  print (u"{0:<10}{1:>5}".format(word, count))
```

排序后选取前30个词的运行结果如图6.24所示。

```
Loading model cost 0.897 seconds.
Prefix dict has been built successfully.
宝玉        3671
什么        1602
一个        1331
贾母        1212
凤姐        1189
我们        1165
那里        1164
你们         983
说道         944
知道         941
王夫人        932
```

图6.24　排序后选取前30个词的运行结果

实验6.6　词云分析

词云图也称为文字云，是对文本中出现频率较高的“关键词”予以视觉化的展现。词云图能过滤掉大量的低频、低质的文本信息，使浏览者只要一眼扫过文本就可领略文本的主旨，样例如图6.25所示。词云分析的用途主要有以下3点。

(1) 可以快速抓取政府工作报告中出现的各大关键词，以便了解时政。

(2) 可以找出年度点击量最多的小说。

(3) 可以分析小说中人物出场频率。

【实验要求】

(1) 掌握词云分析是如何实现的。

图 6.25 样例

（2）掌握利用词语出现的频率统计数据的可视化方法。

（3）对小说《红楼梦》进行词频统计，制作词云图并进行分析。

（4）熟悉 WordCloud 库和 ImageIO 库。

【实验素材】

（1）cn_stopwords. txt。

（2）红楼梦. txt。

（3）jieba 库、WordCloud 库、ImageIO 库。

（4）背景. jpg。

（5）WordCloud. py。

【实验步骤】

（1）以词语为单位。需要进行词云分析的通常是文段，那么首先要将文段进行分词。这步利用 Python 的 jieba 库很容易实现，前面已经介绍过，这里不做详细介绍。

（2）依据词语出现的频率进行可视化展示。这一步只需借助一个第三方库 WordCloud，完成整个步骤。首先按 Windows+R 组合键，在“打开”文本框中输入 cmd，单击“确定”按钮，打开控制台窗口，如图 6.26 所示。

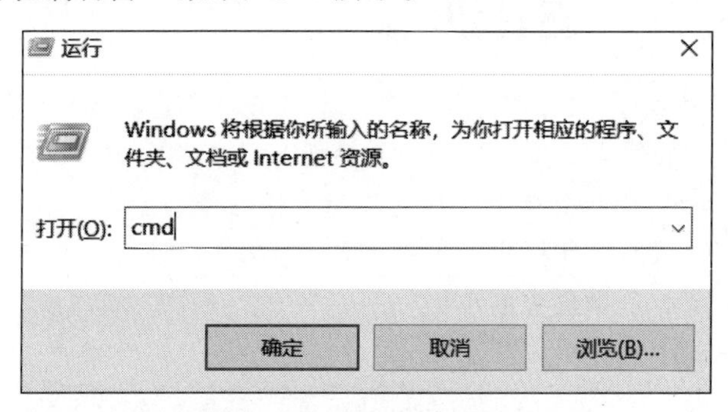

图 6.26 打开控制台窗口

在 cmd 中输入 pip install WordCloud，等待几秒则可完成安装，WordCloud 安装结果如图 6.27 所示。

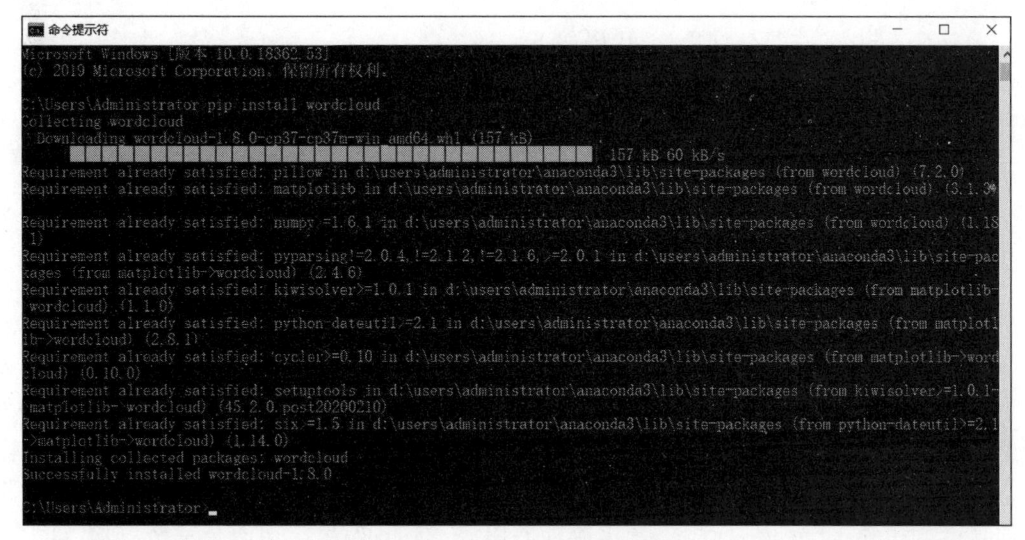

图 6.27 WordCloud 安装结果

(3) 安装完之后，对制作词云图的步骤予以简单的介绍。

① 配置对象参数。w＝WordCloud. WordCloud(参数)，详细参数如表 6.1 所示。另外，参数 color_func 用于指定词云中字体颜色，一般是提取词云图片的颜色作为字体颜色。

表 6.1 详细参数

参 数	描 述
width	指定词云对象生成图片的宽度，默认为 400 像素
height	指定词云对象生成图片的高度，默认为 200 像素
min_font－size	指定词云中字体的最小字号，默认为 4 号
max_font_size	指定词云中字体的最大字号，根据高度自动调节
font_step	指定词云中字体字号的步进间隔，默认为 1
font_path	指定字体文件的路径，默认为 None
max_words	指定词云显示的最大单词数量，默认为 200
stop_words	指定词云的排列词列表，即不显示的单词列表
mask	指定词云形状，默认为长方形，需要引用 imread()函数
background_color	指定词云图片的背景颜色，默认为黑色

② 加载词云文本。w. generate(txt)表示向 WordCloud 对象 w 中加载文本文件。注意，txt 是字符串类型变量。

③ 输出词云文件。w. to_file(filename)将词云输出为图像文件，filename 为图像文件的存储路径＋文件名，图像格式采用 png 或 jpg 格式。

④ 对小说《红楼梦》进行词云分析。首先将《红楼梦》小说的内容导入，代码如下：

```
#读取«红楼梦»
f = open("D://红楼梦//红楼梦.txt", "r", encoding = 'utf - 8')
```

```
content = f.read()
f.close()
```

之后对 content 进行分词操作,代码如下:

```
import jieba
import WordCloud
f = open("D://文件集//2020.2//红楼梦.txt", "r", encoding = 'utf - 8')
content = f.read()
f.close()
words = jieba.lcut(content)
Str = ''.join(words)
```

注意,这里通过 jieba.lcut()对分词操作后返回的是一个列表类型的数据,而加载词云文本的 w.generate(txt)里面的 txt 变量需要是一个字符串类型的变量,因此这里就需要将列表类型的数据转换为字符串类型的数据。利用.join()方法来实现这个步骤,这是字符串的.join()方法,用于将序列中的元素以"指定的字符"连接生成一个新的字符串,而这个"指定的字符"指的是.join()前面单引号中添加的内容,例如,如果添加的是空格,那么每个词之间会使用空格连接生成一个新的字符串,然后将这些词语作为词云文本,生成词云。

(5) 创建词云对象,使用 WordCloud.WordCloud(参数)函数来创建词云对象,在参数部分需要设置背景颜色、字体类型等。如 mask,设置词云形状,需要提前准备好一张轮廓清晰的背景图(本实验中已给出"背景.jpg"),词云背景图如图 6.28 所示。

图 6.28 词云背景图

(6) 另外这里需要下载一个 ImageIO 库用于导入多种格式的照片。在 cmd 控制台,输入 pip install imageio,并按 Enter 键,等待几秒完成安装,安装 ImageIO 库如图 6.29 所示。

color_func 表示词云中字体颜色,要利用词云背景图片的颜色,需要先把背景图片中的颜色提取出来作为 color_func 的参数值; font_path 表示字体文件路径,max_words 表示词云显示的最大单词数; background_color 表示背景颜色,默认是黑色。另外,在创建词云对象之前还要导入停用词表,将小说中无关的词尽量去掉。关于停用词表(cn_stopwords.txt)的导入和使用在实验 6.3 中已经有过介绍,这里用法和前面一致。完整代码如下:

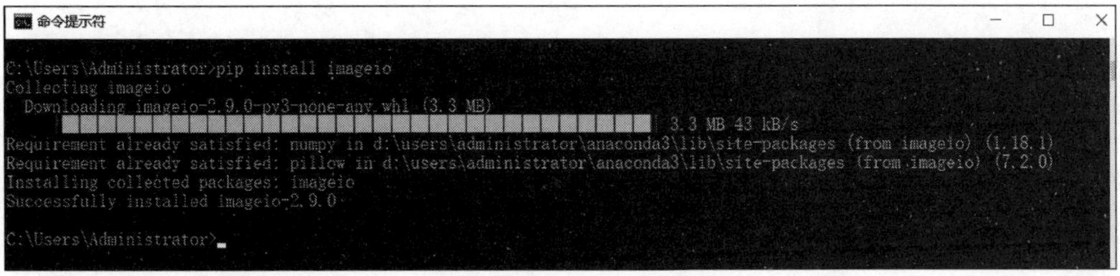

```
命令提示符
C:\Users\Administrator>pip install imageio
Collecting imageio
  Downloading imageio-2.9.0-py3-none-any.whl (3.3 MB)
     |████████████████████████████████| 3.3 MB 43 kB/s
Requirement already satisfied: numpy in d:\users\administrator\anaconda3\lib\site-packages (from imageio) (1.18.1)
Requirement already satisfied: pillow in d:\users\administrator\anaconda3\lib\site-packages (from imageio) (7.2.0)
Installing collected packages: imageio
Successfully installed imageio-2.9.0

C:\Users\Administrator>_
```

图 6.29 安装 ImageIO 库

```
import jieba
import WordCloud
from imageio import imread
#导入"红楼梦.txt"文件
f = open("D://红楼梦//红楼梦.txt", "r", encoding = 'utf - 8')
content = f.read()
f.close()
#对"红楼梦.txt"文件进行分词,即准备词云文本
words = jieba.lcut(content)
Str = ' '.join(words)

#配置参数 mask 的值,导入图片
pic_path = 'D://红楼梦//背景.jpg'
pic = imread(pic_path)
#配置参数 color_func 的值,WordCloud.ImageColorGenerator(pic)用来提取出图片颜色
pic_color = WordCloud.ImageColorGenerator(pic)
#配置参数 font_path 的值,STKAITI.TTF 是作者找的一个字体文件
font = 'STKAITI.TTF'
#配置参数 stop_words 的值(1,2,3)
#1.先从本地导入停用词文件
file = open("D://红楼梦//cn_stopwords.txt", "r", encoding = 'utf - 8')
StopWords_Content = file.read()
file.close()
#2.将停用词文本进行分词操作
Stop_words = jieba.lcut(StopWords_Content)
#3.将分词后的停用词列表转换为字典类型
StopW = {}
for word in Stop_words:
    StopW[word] = 0
#生成词云对象,并配置各类参数
w = WordCloud.WordCloud(mask = pic, font_path = font, stopwords = StopW,
                        color_func = pic_color, max_words = 100, background_color = 'white')
#加入词云文本
w.generate(Str)
#输出词云文件,不加路径就是直接输出在代码所在文件夹
#如果这个文件已存在,那么直接覆盖; 如果不存在,那么生成一个指定文件名的文件
w.to_file('D://红楼梦//红楼梦词云.jpg')
```

生成的词云如图 6.30 所示。可见宝玉是在《红楼梦》中出现次数最多的人物，凤姐、老太太次之。

图 6.30　生成的词云

第7章 人工智能数据分析方法

实验 7.1　使用线性回归算法预测房价

【实验目的】

(1) 了解 Python 扩展库 Sklean、NumPy、Matplotlib 等相关库的使用。

(2) 理解线性回归算法的原理。

(3) 了解线性回归算法适用的问题类型。

(4) 了解如何用线性回归算法解决问题。

【实验环境】

实验可在 Python 3.7.8 及以上版本中开展。

【实验内容】

买房是多数人都必须要面临的问题,房屋的价格受到地区以及房屋自身规模等各个方面的影响。受到经典的波士顿房价预测的启发并结合具体算法,本书代码中保留了房屋的部分相关信息,假定受房屋面积以及房间数的影响,并假定大致符合线性关系。

已知若干样本,其中包括房屋面积、房间数以及房屋价格之间的对应关系,使用多元线性回归的方法预测特定面积以及房间数下的房屋价格,并进行可视化分析。

【参考代码】

```
import numpy as np
from sklearn.linear_model import LinearRegression
import matplotlib .pyplot as plt
from mpl_toolkits.mplot3d import Axes3D

#房屋面积、房间数
x_data = np.array(
    [[100, 4],
     [50, 1],
     [100, 4],
```

```
        [100, 3],
        [50, 2],
        [80, 2],
        [75, 3],
        [65, 4],
        [90, 3],
        [90, 2]])
#房屋价格(单位是百万元)
y_data = np.array([9.3, 4.8, 8.9, 6.5, 4.2, 6.2, 7.4, 6.0,  7.6, 6.1])
print(x_data)
print(y_data)

#建立模型
model = LinearRegression()
#开始训练
model.fit(x_data, y_data)

#打印斜率
print("coefficients: ", model.coef_)
w1 = model.coef_[0]
w2 = model.coef_[1]

#打印截距
print("intercept: ", model.intercept_)
b = model.intercept_

#测试
x_test = [[90, 3]]
predict = model.predict(x_test)
print("predict: ", predict)

#回归最终结果作图

#创建总画布 figure,并在该画布中创建一个三维的子网格
ax = plt.figure().add_subplot(111, projection = "3d")

#画散点图,此处的 c 表示色彩或颜色序列,maker 表示形状参数,s 为标量
ax.scatter(x_data[:, 0], x_data[:, 1], y_data, c = "b", marker = 'o', s = 10)

x0 = x_data[:, 0]
x1 = x_data[:, 1]
#生成网格点坐标矩阵
x0, x1 = np.meshgrid(x0, x1)

#计算 z 轴数据
z = b + w1 * x0 + w2 * x1

#绘制 3D 图形
ax.plot_surface(x0, x1, z, color = "r")
```

```
#设置 x,y,z 轴代表的名称
ax.set_xlabel("area(m*m)")
ax.set_ylabel("num_rooms/")
ax.set_zlabel("price(M)")
plt.show()
```

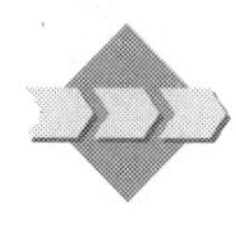

实验 7.2 使用 K-Means 算法进行篮球运动员位置分类

【实验目的】

（1）理解并掌握聚类算法模型。

（2）能够基于 K-Means 算法模型对未知样本进行分类。

【实验环境】

实验可在 Python 3.7.8 及以上版本中开展。

【实验内容】

聚类(Clustering)是一种无监督学习(Unsupervised Learning)，简单地说就是把相似的对象归到同一簇中。簇内的对象越相似，聚类的效果越好。

聚类算法是无监督学习中最常见的一种，给定一组数据，需要聚类算法去挖掘数据中的隐含信息。聚类算法的应用很广，如顾客行为聚类、Google 新闻聚类等。

K-Means 算法是最为经典的基于划分的聚簇方法，是十大经典数据挖掘算法之一。简单地说，K-Means 就是在没有任何监督信号的情况下将数据分为 K 份的一种方法。K-Means 算法的思想：对于给定的样本集，按照样本之间的距离大小，将样本集划分为 K 个簇。让簇内的点尽量紧密地连在一起，而让簇间的距离尽量大。具体的算法步骤如下所述。

（1）随机选择 K 个中心点。

（2）把每个数据点分配到离它最近的中心点。

（3）重新计算每类中的点到该类中心点距离的平均值。

（4）分配每个数据到它最近的中心点。

（5）重复步骤(3)和(4)，直到所有的观测值不再被分配或是达到最大的迭代次数(通常把 10 次作为默认迭代次数)。

本实验数据集总共包含 96 个样本数据。每一个样本数据由 5 个特征值组成。5 个特征值分别为每分钟助攻数、运动员身高、运动员出场时间、运动员年龄和每分钟得分数。分类目标值为 3 种不同位置的篮球运动员，分别为后卫、中锋、控卫。

【参考代码】

```
#首先导入必要的包
#Sklearn: Python 的重要机器学习库,其中封装了大量的机器学习算法,如分类、回归、降维以及聚类
#Matplotlib : Python 第三方库,主要用于可视化
from sklearn.cluster import Birch
from sklearn.cluster import KMeans
```

```
import Matplotlib .pyplot as plt

#1.加载数据
data = []
for line in open("data.txt", "r").readlines():
    line = line.rstrip()  #删除换行
#删除多余空格,保存一个空格连接
    result = ' '.join(line.split())
#获取每行5个值 '0 0.0888 201 36.02 28 0.5885',注意,字符串转换为浮点型数
     #strip()方法用于移除字符串头尾指定的字符(默认是空格),以","作为分隔符
    s = [float(x.replace(',','')) for x in result.strip().split(' ')]
     #将数据存储至 data
    data.append(s)

#输出完整数据集
print(u'完整数据集')
print(data)
print(type(data))
#2.取特征空间中的某两个维度(这里选取第1列和第5列作为参考)
#第1列表示球员每分钟助攻数: assists_per_minute
L2 = [n[0] for n in data]
#第5列表示球员每分钟得分数: points_per_minute
L5 = [n[4] for n in data]
#两列数据生成二维数据
T = dict(zip(L2, L5))
type(T)
#将dict类型转换为list
print(u'List')
X = list(map(lambda x, y: (x, y), T.keys(), T.values()))
print(X)
print(type(X))

#3.搭建模型,构造K-Means聚类器
# n_clusters: 簇的个数,即想聚成几类
clf = KMeans(n_clusters = 3)
#载入数据集X,并且将聚类的结果赋值给y_pred
y_pred = clf.fit_predict(X)
print(clf)
#输出聚类预测结果,96行数据,每个y_pred对应X的一行或一个球员,聚成3类,类标为0、1、2
print(y_pred)

#4.可视化绘图
#获取第1列和第2列数据,使用for循环获取,n[0]表示X的第1列
x = [n[0] for n in X]
y = [n[1] for n in X]
#坐标
x1 = []
y1 = []
x2 = []
```

```
y2 = []
x3 = []
y3 = []
#获取类标为0、1、2的数据,赋值给(x1,y1)、(x2,y2)、(x3,y3)
i = 0
while i < len(X):
    if y_pred[i] == 0:
        x1.append(X[i][0])
        y1.append(X[i][1])
    elif y_pred[i] == 1:
        x2.append(X[i][0])
        y2.append(X[i][1])
    elif y_pred[i] == 2:
        x3.append(X[i][0])
        y3.append(X[i][1])
    i = i + 1
#绘制散点图,参数:x为横轴; y为纵轴; c为聚类预测结果; marker为类型
#4种颜色:红,绿,蓝,黑
plot1, = plt.plot(x1, y1, 'or', marker = "x")
plot2, = plt.plot(x2, y2, 'og', marker = "o")
plot3, = plt.plot(x3, y3, 'ob', marker = " * ")
#绘制标题
plt.title("Kmeans - Basketball Data")
#绘制x轴和y轴坐标
plt.xlabel("assists_per_minute")
plt.ylabel("points_per_minute")
#设置右上角图例
plt.legend((plot1, plot2, plot3), ('A', 'B', 'C'), fontsize = 10)
plt.show()
```

实验7.3 使用SVM算法进行幸福感分类

【实验目的】

(1) 理解SVM(支持向量机)算法的原理。

(2) 了解SVM算法是如何对数据进行分类的。

【实验环境】

实验可在Pytho 3.7.8及以上版本中开展。

【实验内容】

SVM是一种二分类的模型,可以分为线性和非线性两大类。其主要思想为找到空间中的一个能够将所有数据样本划分的超平面,并且使得数据集中所有数据到这个超平面的距离最短。

使用数据集happiness来进行分类。此数据集中包含每个人的年龄、月收入与幸福指数。幸福指数中1表示幸福,0表示不幸福。

【参考代码】

```
#导入相关的包
import numpy as np
import pandas as pd
import matplotlib .pyplot as plt
import seaborn as sns
from sklearn.svm import SVC, LinearSVC
from sklearn.model_selection import train_test_split
from sklearn.preprocessing import StandardScaler
from sklearn import metrics

#读取数据
data = pd.read_csv("happy.csv") #读取 CSV 格式文件
data['happiness'] = data['happiness'].map({0: '不幸福', 1: '幸福'})
#0 表示不幸福,1 表示幸福

#划分数据
#抽取 30% 的数据作为测试集,其余作为训练集
train, test = train_test_split(data, test_size = 0.3)
#抽取特征选择的数值作为训练和测试数据
features = ['
age'
, 'monthSalary'
]
#取 age 和 monthSalary 作为特征字段
train_X = train[features]
train_y = train['
happiness']
test_X = test[features]
test_y = test['happiness']

#数据标准化
ss = StandardScaler()
train_X = ss.fit_transform(train_X)
test_X = ss.transform(test_X)

#生成 SVM 模型,并使用训练数据训练该模型
model = SVC(kernel = 'rbf',        #线性核 kenrel = "rbf":高斯核
        C = 1.0,                   #误差项惩罚系数,默认值是 1
        gamma = 'auto')            #float 参数,默认为 auto
model.fit(train_X, train_y)        #用训练集训练

#使用训练好的模型对测试集进行预测
```

```
prediction = model.predict(test_X)

#评估模型的性能并打印输出
print('准确率: ', metrics.accuracy_score(prediction, test_y))
```

实验 7.4　使用 CNN 算法进行猫狗图像分类

【实验目的】

(1) 了解 CNN 算法的原理。

(2) 理解 CNN 算法中的网络结构以及参数组成。

(3) 了解 Python 的扩展库 NumPy、Matplotlib 以及 Keras。

(4) 了解如何使用 CNN 来完成一个分类问题。

【实验环境】

实验可在 Python 3.7.8 及以上版本中开展。

【实验内容】

图像分类是根据图像的语义信息将不同类别的图像区分开来，是计算机视觉中重要的基本问题。猫狗分类属于图像分类中的粗粒度分类问题。

CNN(Convolutional Neural Network，卷积神经网络)是一类包含卷积计算且具有深度结构的前馈神经网络，是深度学习的代表算法之一。本实验用于 CNN 卷积神经网络入门。编写程序，使用 CNN 模型进行猫狗图像分类。

【参考代码】

```
import numpy as np
import matplotlib .pyplot as plt
from keras.preprocessing.image import ImageDataGenerator, image
from keras import layers
from keras import models
from keras.layers import Dropout
from keras import optimizers
from keras.models import load_model
#将图片分为训练集、验证集和测试集
train_dir = 'cat_dog/data/train/'
validation_dir = 'cat_dog/data/validation/'
model_file_name = 'cat_dog/cat_dog_model.h5'

def init_model():
    model = models.Sequential()              #创建 Keras 中的 Sequential 模型

    KERNEL_SIZE = (3, 3)                     #设置卷积核大小 3*3
    #配置第一层卷积层
    model.add(layers.Conv2D(
```

```
filters = 32,                                   # 卷积核的数量
                              kernel_size = KERNEL_SIZE, # 设置卷积核大小
                              activation = 'relu'
, # 设置激活函数为'relu'
                              input_shape = (
150 # 输入的通道数
                                       , 150, 3)
)
)#  输入的长度和宽度
    # 配置第 2 层池化层
    model.add(layers.MaxPooling2D((2, 2))) # 采取最大池化方式,池化核大小为 2×2
    # 配置第 3 层卷积层,卷积核数量为 64 个
    model.add(layers.Conv2D(filters = 64, kernel_size = KERNEL_SIZE, activation = 'relu'
))
    # 配置第 4 层池化层
    model.add(layers.MaxPooling2D((2, 2)))
    # 配置第 5 层卷积层,卷积核数量为 128 个
    model.add(layers.Conv2D(filters = 128, kernel_size = KERNEL_SIZE, activation = 'relu'
))
    # 配置第 6 层池化层
    model.add(layers.MaxPooling2D((2, 2)))
    # 配置第 7 层卷积层,卷积核数量为 128 个
    model.add(layers.Conv2D(filters = 128, kernel_size = KERNEL_SIZE, activation = 'relu'
))
    # 配置第 8 层池化层
    model.add(layers.MaxPooling2D((2, 2)))

    model.add(layers.Flatten())                     # 扁平参数,将多维的输入一维化
    # 添加全连接层(隐藏)
    model.add(layers.Dense(
512, # 神经元数目为 512 个
                             activation = 'relu'
)
)# 设置激活函数为'relu'
    # 利用 Dropout 随机丢弃 50% 的神经元
    model.add(Dropout(0.5))
    # 添加全连接层(输出层)
    model.add(layers.Dense(
1,  # 神经元数目为 1 个
                             activation = 'sigmoid'
)
)# 设置激活函数为'sigmoid'
    # 编译模型,以供训练使用
    model.compile(loss = '
binary_crossentropy'
,# 设置交叉熵损失函数
                  optimizer = optimizers.RMSprop(lr = 1e - 3), # 设置 RMSprop 优化器
                  metrics = ['
accuracy'
```

```
])#设置准确率评价指标

    return model

#将训练和验证的损失可视化
def fig_loss(history):
    history_dict = history.history
    loss_values = history_dict['
loss']
    val_loss_values = history_dict['
val_loss']
    epochs = range(1, len(loss_values) + 1)
    plt.plot(epochs, loss_values, 'b'
, label = '
Training loss')
    plt.plot(epochs, val_loss_values, 'r'
, label = '
Validation loss')
    plt.title('
Training and validation loss')
    plt.xlabel('
Epochs')
    plt.ylabel('
Loss')
    plt.legend()
    plt.grid()
    plt.show()

#将训练和验证的精度可视化
def fig_acc(history):
    history_dict = history.history
    acc = history_dict['
accuracy'
]
    val_acc = history_dict['
val_accuracy'
]
    epochs = range(1, len(acc) + 1)
    plt.plot(epochs, acc, 'g'
, label = '
Training acc'
)
    plt.plot(epochs, val_acc, 'r'
, label = '
Validation acc'
)
    plt.title('
Training and validation accuracy'
)
```

```
    plt.xlabel('
Epochs')
    plt.ylabel('
Accuracy'
)
    plt.legend()
    plt.grid()
    plt.show()

#开始训练
def fit(model):
    train_datagen = ImageDataGenerator(rescale=1. / 255)  #将图片的每个像素值乘以1/255
    validation_datagen = ImageDataGenerator(rescale=1. / 255)

    train_generator = train_datagen.flow_from_directory(
        train_dir,
        target_size=(150, 150),
        batch_size=256,
        class_mode='
binary'
)

    validation_generator = validation_datagen.flow_from_directory(
        validation_dir,
        target_size=(150, 150),                          #图片将被调整成150*150
        batch_size=64,                                   #batch数据的大小为64
        class_mode='
binary'
)#"binary"返回1D的二值标签

    history = model.fit_generator(
        train_generator,
        epochs=10,                                       #设置训练轮数为10
        validation_data=validation_generator,
    )
    #保存模型
    model.save(model_file_name)

    fig_loss(history)
    fig_acc(history)

#画出count个预测结果和图像
def fig_predict_result(model, count):
    test_datagen = ImageDataGenerator(rescale=1. / 255)
    test_generator = test_datagen.flow_from_directory(
        'cat_dog/data/test/'
,
        target_size=(150, 150),
        batch_size=256,
```

```
        class_mode = '
binary'
)

    text_labels = []
    plt.figure(figsize = (30, 20))
    #迭代器可以迭代很多条数据,这里只取第一个结果
    for batch, label in test_generator:
        pred = model.predict(batch)
        for i in range(count):
            true_reuslt = label[i]
            print(true_reuslt)
            if pred[i] > 0.5:          #预测的值大于 0.5 时为 dog
                text_labels.append('
dog'
)
            else:
                text_labels.append('
cat'
)#预测的值小于或等于 0.5 为 cat

            # 4 列若干行的图
            plt.subplot(count / 4 + 1, 4, i + 1)
            plt.title('
This is a ' + text_labels[i])
            imgplot = plt.imshow(batch[i])

        plt.show()

        #可以接着画很多,但只是随机看看几条结果,所以这里停下来
        break

if __name__ == '__main__':
    model = init_model()
    fit(model)#训练模型
    #载入训练好的模型
    model = load_model(model_file_name)
    #随机查看 10 个预测结果并画出它们
    fig_predict_result(model, 10)
```

第二部分

习　　题

数据存储设计与Access数据库管理

一、单选题

1. 以下列出的各项中，不是信息的特征的表述是（　　）。

A. 可共享性　　B. 可复制性

C. 可存储性　　D. 必须由计算机处理

2. 数据库系统与文件系统的主要区别是（　　）。

A. 数据库系统复杂，而文件系统简单

B. 文件系统管理的数据量小，数据库系统可以管理庞大的数据量

C. 文件系统不能解决数据冗余和数据独立性的问题，而数据库系统可以解决

D. 文件系统只能管理程序文件，而数据库系统可以管理多种类型的文件

3. 下列各项中，属于数据库系统最重要的特点是（　　）。

A. 存储容量大　　B. 处理速度快

C. 数据共享　　D. 处理方便

4. 在计算机中，DBMS 指（　　）。

A. 数据库　　B. 数据库系统

C. 数据库管理员　　D. 数据库管理系统

5. 数据库（DB）、数据库系统（DBS）、数据库管理系统（DBMS）三者之间的关系是（　　）。

A. DBS 包含 DB 和 DBMS　　B. DB 包含 DBS 和 DBMS

C. DBMS 包含 DB 和 DBS　　D. DBS 与 DB、DBMS 指的是相同的东西

6. 数据库是在计算机中按照一定的数据模型组织、存储和应用的（　　）。

A. 文件的集合　　B. 数据的集合

C. 命令的集合　　D. 程序的集合

7. 使用 Access 开发学校教学管理系统属于计算机的（　　）。

A. 科学计算应用　　B. 数据处理应用

C. 过程控制应用　　D. 计算机辅助教学应用

8. 以下（　　）不是数据库所依据的数据模型。

A. E-R 模型　　B. 网状模型　　C. 关系模型　　D. 层次模型

9. 按照 DBMS 采用的数据模型，Access 的数据库属于(　　)。

A. 层次数据库　　B. 网状数据库

C. 关系数据库　　D. 混合数据库

10. 完整描述数据模型有三个要素，以下不属于这三个要素的是(　　)。

A. 数据结构　　B. 数据分类　　C. 数据操作　　D. 数据约束

11. 关系模型中，如果一个关系中的一个属性或属性组能够唯一标识一条元组，那么称该属性或属性组是(　　)。

A. 外键　　B. 主键　　C. 候选键　　D. 联系

12. 在关系数据库中，不属于数据库完整性规定的是(　　)。

A. 实体完整性　　B. 参照完整性

C. 逻辑完整性　　D. 用户定义的完整性

13. 在关系模型中，以下说法正确的是(　　)。

A. 一个关系中可以有多个主键　　B. 一个关系中可以有多个候选键

C. 主键属性中可以取空值　　D. 有一些关系中没有候选键

14. 在关系模型中，以下不属于关系特点的是(　　)。

A. 关系的属性不可再分

B. 关系的每个属性都必须从不同的域取值

C. 关系的每个属性名不允许重复

D. 关系的元组不能有重复

15. 关于关系，下列说法正确的是(　　)。

A. 列的顺序很重要　　B. 当指定候选键时列的顺序很重要

C. 主键必须位于关系的第 1 列　　D. 元组的顺序无关紧要

16. 某企业推销员档案关系中，包括编号、身份证号、姓名、性别、生日、手机号码、联系地址等属性，那么下列可以作为关系候选键的属性是(　　)。

A. 身份证号　　B. 姓名

C. 手机号码　　D. 联系地址

17. 关系模型中，关系代数的核心运算指(　　)。

A. 插入、删除、修改　　B. 编辑、浏览、替换

C. 排序、索引、查询　　D. 选择、投影、连接

18. 在关系代数中，传统的集合运算包括(　　)。

A. 增加、删除、修改　　B. 并、交、差运算

C. 连接、自然连接和笛卡儿积　　D. 投影、选择和连接运算

19. 关系 R 和 S 的并运算是(　　)。

A. 由 R 和 S 的所有元组合并，并删除掉重复的元组组成的关系

B. 由属于 R 而不属于 S 的所有元组组成的关系

C. 由既属于 R 又属于 S 的所有元组组成的关系

D. 由属于 R 和属于 S 的所有元组拼接组成的关系

20. 专门的关系运算不包括下面的(　　)运算。

A. 连接　　B. 投影　　C. 选择　　D. 并

21. 专门的关系运算中,投影运算是(　　)。

A. 在指定关系中选择满足条件的元组组成一个新的关系

B. 在指定关系中选择指定属性列组成一个新的关系

C. 在指定关系中选择满足条件的元组和属性列组成一个新的关系

D. 上述说法都不正确

22. 给定表:商品(编号,名称,型号,单价),销售(日期,编号,数量,金额)。现在将两个表合并为销售报表(编号,名称,单价,数量,金额),可用(　　)。

A. 先做笛卡儿积,再做投影　　B. 先做笛卡儿积,再做选择

C. 先做自然连接,再做选择　　D. 先做自然连接,再做投影

23. 按照关系规范化理论,关系必须满足的要求是关系的每个属性都是(　　)。

A. 互不依赖的　　B. 长度不变的

C. 互相关联的　　D. 不可分解的

24. 如果一个关系的候选键是单属性,那么这个关系可能最低范式至少属于(　　)。

A. 1NF 的关系　　B. 2NF 的关系

C. 3NF 的关系　　D. 不能确定

25. 开发学校图书销售管理系统,设计系统关系模型属于数据库设计中的(　　)阶段。

A. 需求分析　　B. 逻辑设计　　C. 物理设计　　D. 概念设计

26. 开发学校教学管理系统,设计系统 E-R 模型属于数据库设计中的(　　)阶段。

A. 需求分析　　B. 逻辑设计　　C. 物理设计　　D. 概念设计

27. 在有关数据管理的概念中,数据模型是指(　　)。

A. 文件的集合　　B. 记录的集合

C. 对象及其联系的集合　　D. 关系数据库管理系统

28. 对于现实世界中事物的特征,在描述现实世界的概念数据模型中使用(　　)。

A. 属性描述　　B. 实体描述　　C. 表格描述　　D. 关键字描述

29. 信息世界的主要对象称为(　　)。

A. 关系　　B. 实体　　C. 属性　　D. 记录

30. 下列实体之间的联系中,属于多对多的联系是(　　)。

A. 学生与课程　　B. 学校与教师

C. 班级与班主任　　D. 图书的条形码与图书

31. 每个学生只属于某一个班,每个班只有一个班长,则班级和班长之间的联系是(　　)。

A. 1∶1　　B. 1∶n　　C. m∶n　　D. 不确定

32. 一个公司中有多个部门和多名员工,每个员工只能在一个部门就职,部门和员工的联系类型是(　　)。

A. 1∶1　　B. 1∶n　　C. m∶n　　D. 不确定

33. 在概念模型中,一个实体集对应于关系模型中的一个(　　)。

A. 元组　　B. 字段　　C. 属性　　D. 关系

34. 把 E-R 模型转换为关系模型时,实体之间多对多联系在关系模型中通过(　　)。

A. 建立新的属性实现　　B. 建立新的关键字实现

C. 建立新的关系实现　　D. 建立新的实体实现

35. 在数据库理论中，数据库体系呈三级模式结构，以下不属于这三级模式的是(　　)。

A. 关系模式　　B. 外模式　　C. 内模式　　D. 模式

36. 以下各项中，不属于 DBMS 的基本功能的是(　　)。

A. 定义数据库结构　　B. 查询数据库数据

C. 维护数据库完整性　　D. 编写数据的输出报表程序

37. 以下软件产品中，不属于关系数据库管理系统的是(　　)。

A. Access　　B. Excel　　C. Oracle　　D. SQL Server

38. 以下列出的软件中，(　　)不是 Microsoft Office 套件中的组件。

A. Access　　B. Word　　C. FoxPro　　D. Excel

39. 以下列出的选项中，(　　)不是 Access 的特点。

A. 集成了表、查询、窗体等多种对象于一体

B. 不能使用程序设计语言

C. 提供了可视化的交互设计界面

D. 可以开发完整的包括数据库和应用程序的信息系统

40. Access 数据库文件存储时的扩展名是(　　)。

A. dbf　　B. accdb　　C. aspx　　D. mdb

41. Backstage 视图是功能区(　　)选项卡上显示的命令集合。

A. "文件"　　B. "开始"　　C. "创建"　　D. "外部数据"

42. 以下列出的选项中，(　　)是 Access 功能区中的上下文命令选项卡。

A. "开始"　　B. "数据库工具"

C. "外部数据"　　D. "设计"

43. 以下列出的选项中，(　　)是用于组织归类数据库对象的组件。

A. 功能区　　B. 导航窗格

C. Backstage 视图　　D. 工具菜单

44. 在 Access 中，选择"文件"→"新建"命令，直接打开的对象是(　　)。

A. 任务窗格　　B. 模板窗口

C. 数据库窗口　　D. 新建数据库的 Backstage 视图界面

45. Access 数据库的核心和基础的对象是(　　)。

A. 表　　B. 查询　　C. 窗体　　D. 模块

46. 以下各项中说法不正确的是(　　)。

A. 窗体用来作为数据输入输出的界面对象

B. 查询对象可存储数据

C. 宏是一系列操作命令的组合

D. 报表对象用来设计实现数据的格式化打印输出

47. Access 的数据库对象不包括(　　)。

A. 表　　B. 查询　　C. 窗体　　D. 关系模型

48. 若桌面有 Access 快捷图标,以下不能启动进入 Access 的操作是(　　)。
   A. 选择“开始”菜单“所有程序”中表示 Access 程序的菜单项
   B. 选择一个 accdb 型文件双击
   C. 在“开始”菜单的“运行”项中输入 Access. exe,然后单击“确定”按钮
   D. 双击桌面 Access 快捷图标

二、填空题

1. 关于描述事物的信息的类别包括________、________和________等信息。
2. 信息具有________、________、________和________等特性。
3. 信息和数据关系密切,信息是数据的________,数据是信息的________。
4. 计算机数据管理技术经历了________、________和________等阶段。
5. 第 1 代数据模型是________和________,第 2 代数据模型是________。
6. 关系数据模型的三要素指________、________和________。
7. 关系中,一行称为一个________,一列称为一个________。
8. 关系数据库中的数据完整性规则包括________、________、________和________。
9. 关系中能够唯一确定每一个元组的属性或属性组合叫________。一个关系中有属性是另一个关系的主键,并且这个属性作为两个关系联系的纽带,则在该关系中,这个属性叫________。
10. Access 数据库中,数据库文件的扩展名是________。
11. 在关系代数中,关系运算的核心运算是________、________和________。
12. 关系属性间的非平凡函数依赖可分为________、________和________等几类。
13. 若关系的属性间不存在任何非平凡依赖,则这样的关系至少属于________范式。
14. 目前主要的系统开发方法有________、________和________。
15. 在需求分析中,用户需求主要由________和________构成。
16. 数据库设计一般包括________、________、________、________、________和________等步骤。
17. 数据模型不仅要表示事物本身的数据,而且还包括表示________的数据。
18. 在 E-R 模型中,所有实体的全体称为________,描述实体属性结构的概念是________。
19. E-R 模型中,实体和实体间的联系方式有________、________和________。
20. E-R 图中,实体、属性、联系分别用________、________和________等图形符号表示。
21. 数据库体系结构用三级模式描述,这三级模式分别是________、________和________。
22. DBMS 提供数据操纵语言(DML)实现对数据库的操作,DML 的基本操作包括________、________、________和________。
23. Access 数据库包括的数据对象个数是________。
24. Access 2016 用户界面的三个主要组件是________、________和________。
25. 要创建 Access 数据库,可以使用 Backstage 视图的________项。
26. 功能区的主选项卡包括________、________、________、________和________。

27. 根据用户正在使用的对象或正在执行的任务而显示的命令选项卡称为________。

28. Access 数据库对象有________、________、________、________、________和________。

29. Access 的________和________对象实现了数据格式化的输入输出功能。

30. 若要设置打开 Access 数据库文件默认路径，通过 Backstage 视图中________命令项，进入________对话框中，选择________选项进行设置。

31. 备份 Access 数据库文件，通过________选项卡进入________窗口，选择________命令项，然后选择“备份数据库”选项。

三、简答题

1. 什么是信息？信息有哪些重要属性？信息有哪些表达方式？
2. 如何理解数据？数据与信息有什么关系？
3. 什么叫数据库？什么是数据库系统？数据库系统包括哪些组成部分？
4. 简述数据库技术的特点。
5. 什么是数据模型？数据库技术发展过程中，有重要影响的三种数据模型是什么？
6. 要完整描述一个数据模型，包括哪三个要素？
7. 什么是关系模型？什么是关系模式？关系模式和关系有什么联系？
8. 简述关系模型中关系、元组、属性、候选键、主键和外键的概念。
9. 关系有哪些特点？
10. 什么是数据完整性？关系数据库中有哪些数据完整性规则？
11. 什么是实体完整性规则？有什么作用？
12. 什么是参照完整性规则？主要作用是什么？
13. 关系代数包括哪几种运算？其核心运算是什么？
14. 简述关系的一般连接、自然连接运算的异同点。
15. 什么是关系的函数依赖？简述函数依赖的类别。
16. 什么是关系的候选键？什么是主属性？什么是非主属性？
17. 什么是关系范式？1NF、2NF、3NF 分别对关系有何要求？
18. 关系规范化的作用是什么？提高关系的范式层级的基本方法是什么？
19. 仅达到 1NF 或 2NF 的关系存在哪些问题？
20. 给定关系 R(U)，关系中没有 U 的任何一个子集 X 能使 $X \to U$ 成立，该关系的键是什么？它至少属于第几范式？
21. 什么是数据库设计？数据库设计的主要步骤有哪些？
22. 什么是概念模型？概念模型的作用是什么？
23. 简述 E-R 模型中实体、属性、实体型、实体集的概念。
24. 简述 E-R 模型中实体之间有的联系类型。
25. E-R 模型如何转换为关系模型？
26. 概念设计、逻辑设计、物理设计各有何特点？
27. 简述数据库三级模式体系结构。
28. 什么是 DBMS？DBMS 有哪些主要功能？列举几种常用的 DBMS。
29. Access 的导航窗格有什么主要功能？

30. 如何启动和退出 Access?

31. Access 数据库有几种数据库对象?每种对象的基本作用是什么?

四、综合设计题

1. 某校图书馆欲开发学生图书借阅管理系统。该系统管理图书馆的图书信息、读者信息和借阅信息。借阅管理的读者信息包括借书证号、姓名、性别、生日、专业、班级、联系电话、身份证号;图书信息包括图书号、ISBN、书名、第一作者、出版社、出版日期、价格、馆藏数。其中,一种图书可以被多名读者借阅;一名读者可以同时借阅多本图书,借阅时登记借阅日期、归还日期。根据题意画出图书借阅管理的 E-R 模型,然后将 E-R 模型转换为关系模型。

2. 某学校设计教学管理系统,包括学生、专业、学院、课程等信息。学生实体包括学号、姓名、性别、生日、民族、籍贯、简历、登记照,每名学生选择一个主修专业,专业包括专业编号、名称和专业类别,一个专业属于一个学院,一个学院可以有若干个专业。学院信息要存储学院编号、学院名称、院长、办公电话。教学管理还要管理课程表和学生成绩。课程表包括课程编号、课程名称、课程类别、学分,每门课程只由一个学院开设。学生每选修一门课程获得一个成绩。

设计该教学管理的 E-R 模型,然后转换为关系模型。

3. 若第 2 题的管理系统还要管理教师进行教学安排,教师包括工号、姓名、年龄、职称,一名教师只属于一个学院,一名教师可以教若干门课程,一门课程可以有多名教师任教,每名教师所上的某一门课都有一个课堂号和课时数。试修改 E-R 模型,增加教师数据。

数据存储中的表与关系

一、单选题

1. 下列各项中,不符合表的特点的是(　　)。

A. 表是数据库中最重要的对象　　B. 表通过外键与其他表发生联系

C. 表是数据组织与管理的单位　　D. 表是数据存储的单位

2. 下列各项中,不是 Access 数据类型特点的是(　　)。

A. 规定数据互相联系方式　　B. 规定数据表达方式

C. 确定数据取值范围　　D. 规定数据运算方式

3. 在一个单位的人事数据库,字段“简历”的数据类型应当为(　　)。

A. 短文本　　B. 数字型　　C. 日期/时间型　　D. 长文本

4. 在 Access 中定义表时,下列各项不属于数据约束功能的是(　　)。

A. 定义输入掩码　　B. 定义标题

C. 定义主键　　D. 定义验证规则

5. 在表定义时,关于日期/时间型的字段,一个字段值占用的存储空间是(　　)字节。

A. 2　　B. 4　　B. 8　　D. 16

6. 如果将其他数据库中的表转入本数据库中,应该使用创建表的方法是(　　)。

A. 链接表　　B. 数据表　　C. 向导　　D. 导入表

7. 在 Access 中建立表之间的关系,如果一个表的字段是主键,另外一个表的字段建立了无重复索引,以这两种字段建立的关系类型是(　　)。

A. 一对多关系　　B. 一对一关系

C. 多对多关系　　D. 不能建立关系

8. 建立了关系和参照完整性的父子表,当要删除父表的数据时,如果子表中有对应数据,系统禁止该删除操作,则应该实施的操作是(　　)。

A. 取消参照完整性设置　　B. 不设置级联更新相关字段项

C. 不设置级联删除相关字段项　　D. 设置级联删除相关字段项

9. 建立了关系的父子表,如果要求插入子表记录时对外键字段进行符合主键数据的检验,一定要实施的操作是(　　)。

A. 设置实施参照完整性　　B. 设置级联更新相关字段项

C. 设置级联删除相关字段项　　D. 以上设置都需要

10. 当两个表之间有父子关系时,那么以下操作中不可以完成的是(　　)。

A. 先删除子表,后删除父表　　B. 先删除父表,后删除子表

C. 先解除关系,后删除父表　　D. 删除子表,自动解除关系

11. 在 Access 中定义“学生”表,定义“学号”为主键,则(　　)。

A. 可实现实体完整性　　B. 可实现参照完整性

C. 可实现用户定义的完整性　　D. 不能实现任何数据完整性

12. 在“学生”表中定义“性别”字段只能在“男”或“女”中取值,则(　　)。

A. 属于实体完整性约束　　B. 属于参照完整性约束

C. 属于用户定义的完整性约束　　D. 不属于任何数据完整性约束

13. 在一个学生数据库中,字段“学号”应该是(　　)。

A. 数字型　　B. 短文本型　　C. 自动编号型　　D. 长文本型

14. 如果在创建表中建立字段“基本工资额”,其数据类型应当为(　　)。

A. 短文本型　　B. 货币型　　C. 日期型　　D. 数字型

15. 在 Access 中,表和数据库的关系是(　　)。

A. 一个数据库可以包含多个表　　B. 一个表只能包含 2 个数据库

C. 一个表可以包含多个数据库　　D. 一个数据库只能包含一个表

16. 表的组成内容包括(　　)。

A. 查询和字段　　B. 字段和记录　　C. 记录和窗体　　D. 报表和字段

17. 数据类型是(　　)。

A. 字段的另一种说法

B. 决定字段能包含哪类数据的设置

C. 一类数据库应用程序

D. 一类用来描述 Access 表向导允许从中选择的字段名称

18. 在 Access 数据表中,可在表中的(　　)追加记录。

A. 任意位置　　B. 表最下面空记录中

C. 表中第一条记录前面　　D. 按记录的序号的位置

19. 如果表中的一个字段不是本表的主关键字,而是另外一个表的主关键字和候选关键字,这个字段就称为(　　)。

A. 关键字　　B. 外部关键字　　C. 候选关键字　　D. 域

20. 可以为表调出数据表视图来显示其记录数据。如果想使某字段不能被移动其显示位置,则可以进行的操作是(　　)。

A. 隐藏列　　B. 排序　　C. 冻结列　　D. 筛选

21. 在 Access 中,关于数据表的主关键字,下列说法正确的是(　　)。

A. 不能出现重复值或空值　　B. 能出现重复值或空值

C. 能出现重复值,不能出现空值　　D. 不能出现重复值,能出现空值

22. 要定义表结构需要定义(　　)。

A. 数据库、字段名、字段类型　　B. 数据库、字段类型、字段长度

C. 字段名、字段类型、字段长度　　D. 数据库名、字段类型、字段长度

23. 修改数据表的字段的数据类型与属性，必须在(　　)下进行。

A. 设计视图　　B. 数据表视图

C. 数据透视表视图　　D. 数据透视图视图

24. 若要求某个日期/时间型字段只能输入包括 2000 年 1 月 1 日在内的以后的日期，则在该字段的“验证规则”文本框中，应输入(　　)。

A. >2000-1-1　　B. >= 1/1/ 2000

C. < = # 2000-1-1 #　　D. >= #1/1/2000#

25. 对于短文本型字段，不可以用于查阅的绑定控件类型是(　　)。

A. 复选框　　B. 文本框　　C. 列表框　　D. 组合框

26. 对于是/否型字段，不可以用于查阅的绑定控件类型是(　　)。

A. 复选框　　B. 文本框　　C. 列表框　　D. 组合框

27. 假设一个书店用(书号，书名，作者，出版社，出版日期，库存数量……)这一组属性来描述图书，可以作为“主键”的是(　　)。

A. 书号　　B. 书名　　C. 作者　　D. 出版社

28. Access 提供的数据类型中不包括(　　)。

A. 长文本　　B. 文字　　C. 货币　　D. 日期/时间

29. 如果字段内容为声音文件，则该字段的数据类型应定义为(　　)。

A. 短文本　　B. 长文本　　C. 超链接　　D. OLE 对象

30. 如果在创建表中建立字段“性别”，并要求用汉字表示，其数据类型应当是(　　)。

A. 是/否　　B. 数字　　C. 短文本　　D. 长文本

二、多选题

1. 当要给一个表建立主键，但又没有符合条件的字段时，以下(　　)建立主键是妥善的。

A. 建立一个“自动编号”主键　　B. 删除不唯一的记录后建立主键

C. 建立多字段主键　　D. 建立一个随意的主键

2. 以下(　　)是在 Access 的表视图中显性可见的。

A. 字段标题　　B. 字段数据类型

C. 字段数据内容　　D. 字段说明

3. 下列关于“格式”和“输入掩码”的叙述中，正确的是(　　)。

A. 输入掩码可以确保数据符合定义格式，以及确定可以输入的值的类型

B. 显示数据时，格式属性将优先

C. 输入数据时，输入掩码属性将优先

D. 当字段具有格式属性时，输入数据时会进行提示

4. 下面关于索引的叙述中，正确的是(　　)。

A. 可以为所有的数据类型建立索引

B. 可以提高对表中记录的查询速度

C. 可以创建记录的逻辑顺序

D. 可以基于单个字段或多个字段建立索引

5. Access 数据库中的表又称作数据表，关于数据表的说法正确的是(　　)。

A. 表中的列称作“字段”，表中的行称作“记录”

B. 一个数据库可以包含若干个数据表

C. 在一个数据表中不能包含重复的字段名

D. 表中的一个字段可以存放一同类型的数据

6. 在 Access 2016 中，可以把数据表字段的类型指定为(　　)。

A. 图像　　B. 长文本　　C. 字节　　D. 货币

7. 在 Access 中，关于数据表的主关键字，下列说法不正确的是(　　)。

A. 不能出现重复值或空值　　B. 能出现重复值或空值

C. 能出现重复值，不能出现空值　　D. 不能出现重复值，能出现空值

8. 下列不能用来控制文本框中输入数据格式的是(　　)。

A. 验证规则　　B. 默认值　　C. 标题　　D. 输入掩码

9. 不能创建索引的数据类型是(　　)。

A. 短文本　　B. 货币　　C. OLE 对象　　D. 日期

10. 如果实施参照完整性的两张相关联的表，启动了“级联删除相关记录”，则下列说法错误的是(　　)。

A. 删除主表记录时，同时删除相关表的记录

B. 删除相关表记录时，同时删除主表记录

C. 删除主表记录，不删除相关表的记录

D. 相关表有相关记录，不允许删除表记录

11. 对数据表中某个无重复值字段建立索引时，可选择的索引类别包括(　　)。

A. 有(无重复)　　B. 唯一索引　　C. 主索引　　D. 外索引

12. 有关字段的数据类型，下列说法正确的是(　　)。

A. 字段大小可用于设置短文本、数字或自动编号等类型字段的最大容量

B. 可对任意类型的字段设置默认值属性

C. 验证规则属性是用于限制此字段输入值的表达式

D. 不同的字段类型，其字段属性有所不同

13. 下列对主关键字段的叙述，正确的是(　　)。

A. 数据库中的每个表都必须有一个主关键字段

B. 主关键字段是唯一的

C. 主关键字可以是一个字段，也可以是一组字段

D. 主关键字段中不许有重复值和空值

14. 关于字段默认值叙述正确的是(　　)。

A. 设置文本型默认值时不用输入引号，系统自动加入

B. 设置默认值时，必须与字段中所设的数据类型相匹配

C. 设置默认值可以减小用户输入强度

D. 默认值是一个确定的值，不能用表达式

15. 在 Access 中，下面关于空值的描述错误的是(　　)。

A. 尚未存储数据的字段的值

B. 空值是默认值

C. 查找空值的方法与查找空字符串相似

D. 空值的长度为零

三、判断题

1. 建立了关系和参照完整性的父子表，当要更新父表的数据时，如果子表中有对应数据，则系统禁止该更新操作。（　）

2. Access 数据库中两表之间不能建立多对多联系。（　）

3. 格式属性控制数据的显示格式，输入掩码属性控制数据的输入格式。（　）

4. Access 的表设计视图中可以对记录排序。（　）

5. 索引可以改变记录存储的物理顺序。（　）

6. Access 数据表视图中可以对主子表进行展开或折叠操作。（　）

7. Access 中，为了使字段的值不出现重复以便索引，可以将该字段定义为主键。（　）

8. “只能输入 4 位数字”的输入掩码为“0000”。（　）

9. 格式属性可以防止非法数据输入到表中。（　）

10. 如果在创建表中建立需要存储 True/False 的字段，其数据类型应当为短文本型。（　）

四、填空题

1. 表是最重要的数据库对象，表中的行称为________，列称为________。

2. 表中可指定________来作为区分各记录的标识。表之间通过________进行联系。

3. 数据类型是计算机信息处理中用来规定数据的________、________和________的概念。

4. 逻辑数据值在存储和显示时，用________表示 True，________表示 False。

5. 表的设计视图中下部的“字段属性”窗格包含________和________两个选项卡。

6. Access 中定义表时，通过定义________实现实体完整性约束，通过定义________实现用户定义完整性约束，通过定义________并设置表之间的联系实现参照完整性约束。

7. 要指定字段的显示格式，应该定义________字段属性。

8. 可以使用控件进行“查阅”的字段类型是________、________和________。

9. 一个货币型字段在存储时占用的存储空间是________字节。

10. 在定义表时，若表中有两个字段 F1、F2，必须满足 F1＞F2 的条件，那么在定义时必须通过________来进行设置，对应的项是________。

11. 为表的字段建立索引，可以建立的索引类型有________和________。

12. 除了利用设计视图创建表外，还可以使用创建表的方法，包括________、________、________和________。

13. 在 Access 中，在表之间可以创建的关系类别包括________和________。

14. 当修改表的记录数据，但该数据被其他表参照引用时，如果希望同步修改，应该在关系中进行的设置是________。

15. 当插入表的记录数据，但有字段作为外键参照其他表时，如果希望对外键的取值没有对应主键数据时禁止插入，应该在关系中进行的设置是________。

16. 当表之间建立有关系时，在数据表中显示父表数据时，单击________指示器将展开子表关联记录，单击________指示器将折叠子表关联记录的显示。

17. 在数据表中显示记录时，如果要按照某个字段从小到大的顺序显示记录，那么可以先选择该字段，在功能区________选项卡的________组中单击________按钮。

18. 在表设计视图中，检查字段中的输入值是否合法的字段属性是________，检查字段中的输入值不合法时，提示出错信息的字段属性是________。

五、简答题

1. 简述 Access 数据库中表的基本结构。

2. 数据类型的作用有哪些？试列举几种常用的数据类型及其常量表示。

3. Access 数据库中有哪几种创建表的方法？简述各种建表方法的特点。

4. 什么是主键？表中定义主键有什么作用？

5. 在定义关系时实施参照完整性的具体含义是什么？什么是级联修改和级联删除？

6. 什么是数据完整性？Access 数据库中有几种数据完整性？如何实施？

7. 在设计表时，设置表“属性”对话框中的“有效性规则”与设置字段属性中的“有效性规则”有什么相同和不同的地方？

8. 什么是索引？索引的作用是什么？

9. 什么是父子表？如何同时查看父子表？

10. 什么是域完整性？列举几种属于域完整性设置的方法。

六、设计操作题

1. 针对教学管理的设计内容，结合 Access 完成其数据库结构的设计。

2. 在 Access 中创建“教学管理”数据库。利用设计视图完成创建表及关系的操作，并进行必要的字段属性设置。

查　询

一、单选题

1. SQL 是关于(　　)的标准语言。

A. 层次数据库　　B. 网状数据库

C. 关系数据库　　D. 面向对象数据库

2. 以下各项中，不是 SQL 基本功能的是(　　)。

A. 数据库定义功能　　B. 编写数据库应用程序功能

C. 数据库操作功能　　D. 数据库管理控制功能

3. 以下各项中，不是 SQL 特点的是(　　)。

A. 面向问题的命令表达　　B. 面向集合的操作方式

C. 所有关系数据库都支持　　D. 以记录号作为数据的标识

4. 以下各项中，不是 SQL 操作功能的是(　　)。

A. 查询　　B. 插入　　C. 更新　　D. 设计窗体

5. 数据库系统与文件系统的主要区别是(　　)。

A. 数据库系统复杂，而文件系统简单

B. 文件系统管理的数据量小，数据库系统可以管理庞大的数据量

C. 文件系统不能解决数据冗余和数据独立性的问题，而数据库系统可以解决

D. 文件系统只能管理程序文件，而数据库系统可以管理多种类型的文件

6. 下列各项中，(　　)属于数据库系统最重要的特点。

A. 存储容量大　　B. 处理速度快

C. 数据共享　　D. 处理方便

7. 在计算机中，DBMS 指(　　)。

A. 数据库　　B. 数据库系统

C. 数据库管理员　　D. 数据库管理系统

8. DB、DBS、DBMS 三者之间的关系是(　　)。

A. DBS 包含 DB 和 DBMS

B. DB 包含 DBS 和 DBMS

C. DBMS 包含 DB 和 DBS

D. DBS与DB、DBMS指的是相同的东西

9. 数据库是在计算机中按照一定的数据模型组织、存储和应用的(　　)。

A. 文件的集合　　B. 数据的集合

C. 命令的集合　　D. 程序的集合

10. 完整描述数据模型有三个要素,以下不属于这三个要素的是(　　)。

A. 数据结构　　B. 数据分类

C. 数据操作　　D. 数据约束

11. 下列SQL语句中,修改表结构的是(　　)。

A. ALTER　　B. CREATE　　C. DROP　　D. UPDATE

12. SQL中,与"NOT IN"功能等价的运算符是(　　)。

A. =SOME　　B. <> SOME　　C. =ALL　　D. <> ALL

13. 以下各项中,不是Access查询对象特点的是(　　)。

A. 查询对象的数据与表的结构一致

B. 数据库中保存查询对象的数据集合

C. 查询对象的数据与基表同步

D. 查询对象可以作为其他对象的数据源

14. 在下面的表达式中,运算结果是日期型的表达式是(　　)。

A. #2013/10/01# + #2013-08-08#

B. #2013/10/01# - #2013-08-08#

C. #2013/10/01# -10

D. DATE()- #2013-08-08#

15. 下列表达式中运算结果为逻辑值"True"(即-1)的表达式是(　　)。

A. (35 > 30) AND ("a" >"A")

B. ("123">"456") AND (123 < 456)

C. (1 OR 0) AND (NOT (2 > 1))

D. (3^2 < 3 * 2) OR (MID("HELLO",2))< "Hi"

16. 在下列表达式中,运算结果为逻辑值"False"(即0)的是(　　)。

A. "112">"85"

B. "abc"<="abcd"

C. #2008-01-01# < #2008-08-08#

D. -125 <> INT(-125.6)

17. 表达式 "abcd"="ad"　AND (1.5+2)^3 > 66 的运算结果为(　　)。

A. abcd　　B. -1 (即 True)　　C. 0 (即 False)　　D. 出错信息

18. 只有满足连接条件的记录才包含在查询结果中,这种连接为(　　)。

A. 左外连接　　B. 内连接　　C. 右外连接　　D. 笛卡儿积

19. 要实现对某列求最大值的统计,需要使用函数(　　)。

A. COUNT()　　B. MAX()　　C. MIN()　　D. AVG()

20. 在SELECT语句中,与表达式"年龄 <> ALL(18,60)"功能相同的表达式是(　　)。

A. 年龄=18　AND　年龄=60　　B. 年龄<> 18　OR　年龄<> 60

C. 年龄<>18 AND 年龄<>60　　D. 年龄＝18 OR 年龄＝60

21. 在查询设计视图中，单击工具栏中的“总计”按钮，将增加(　　)行。

A. 总计行　　B. 分组行　　C. 条件行　　D. 不增加行

22. 以下关于查询的叙述正确的是(　　)。

A. 能够实现交叉表的是结果为三列的查询

B. 能够实现交叉表的是结果为三个部分的查询，且第三部分是前两部分联系的值

C. 追加查询实现了 INSERT INTO—VALUES 语句的功能

D. 生成表查询就是生成查询对象

23. 以下不属于动作查询的是(　　)。

A. 交叉查询　　B. 更新查询　　C. 删除表查询　　D. 追加查询

24. 以下查询不属于特定查询的是(　　)。

A. 联合查询　　B. 传递查询　　C. 数据定义查询　　D. 选择查询

25. “DELETE FROM 员工 WHERE NOT 年龄>60”语句的功能是(　　)。

A. 删除员工表

B. 从员工表中删除年龄大于 60 岁的数据

C. 删除员工表的年龄字段

D. 从员工表中删除年龄不大于 60 岁的数据

26. 下面有关 HAVING 子句的描述，错误的是(　　)。

A. HAVING 子句必须与 GROUP BY 子句同时使用，不能单独使用

B. 使用 HAVING 子句的作用是为分组统计后的结果设置输出条件

C. 使用 HAVING 子句的同时不能使用 WHERE 子句

D. 使用 HAVING 子句的同时可以使用 WHERE 子句

27. SQL 中，实现数据更新的语句是(　　)。

A. SELECT　　B. INSERT　　C. UPDATE　　D. DELETE

28. 在 SELECT 语句中用 ORDER BY 子句排序，下列说法中不正确的是(　　)。

A. 如果输出字段用 AS 重命名，则新的名称也可以用在 ORDER BY 中

B. 默认是升序(ASC)排列

C. 可以在 ORDER BY 中使用集函数

D. 如要降序排序使用 DESC 说明

29. 在 SELECT 语句中，与表达式"成绩 NOT IN(60,100)"功能相同的表达式是(　　)。

A. 成绩＝60 AND 成绩＝100　　B. 成绩<>60 OR 成绩<>100

C. 成绩<>60 AND 成绩<>100　　D. 成绩＝60 OR 成绩＝100

30. 如果在数据库中已有同名的表，要通过查询覆盖原来的表，应该使用的查询类型是(　　)。

A. 删除　　B. 追加　　C. 生成表　　D. 更新

二、多选题

1. 以下属于选择查询的是(　　)。

A. 参数查询　　B. 交叉表查询　　C. 追加查询　　D. 统计查询

2. 以下是“选择查询”窗口字段列表框中的选项的是(　　)。

A. 排序　　B. 显示　　C. 类型　　D. 条件

3. 关于更新表查询,以下说法正确的是(　　)。

A. 使用更新查询可以更新表中满足条件的所有记录

B. 使用更新查询一次只能对表中一条记录进行更改

C. 使用更新查询更新数据比使用数据表更新数据效率高

D. 使用更新查询更新数据后数据不能再恢复

4. 关于查询的数据源,下列叙述不正确的是(　　)。

A. 必须是一张数据表　　B. 可以是一张数据表

C. 可以是数据表或已建查询　　D. 可以是多个相关联的数据表

5. 交叉查询必须指定的项目是(　　)。

A. 行标题　　B. 列标题　　C. 统计“值”　　D. 以上都是

6. 在 Access 查询设计视图中,(　　)条件是必须的。

A. 字段　　B. 排序　　C. 表　　D. 显示

三、判断题

1. 交叉表查询也属于动作查询。　　(　　)

2. 既包含满足连接条件的记录,也包含左表中不满足连接条件的其他记录,该连接类型是右外连接。　　(　　)

3. 单击“追加”按钮,在查询设计视图中将增加“总计”行。　　(　　)

4. 联合查询可以通过查询设计视图创建。　　(　　)

四、填空题

1. SQL 的英文全称是________,是________的标准语言。

2. SQL 的基本功能包括________、________和________。

3. SQL 的数据操纵功能包括________、________、________和________。

4. SQL 的使用方式包括________和________。

5. 在 SELECT 语句中,表示条件表达式用 WHERE 子句,排序用________子句,其中________短语表示升序,________短语表示降序。

6. 在 SELECT 语句中,需要分组统计时使用________子句,而与之联用用来检验统计结果是否满足输出条件的子句是________。

7. 在 Access 数据库中命名保存查询对象,在数据库中保存的是________,而不是________。

8. 在查询或一般表达式中,要定义一个参数,作为参数的名称一般用________括起来。

9. 给定字符串"奥林匹克运动会",得出"奥运会"的表达式是________。

10. 参数 MZ 表示民族,SR 表示生日。判断输入值是否为少数民族且年龄小于 18 岁的表达式是________。

11. 选择查询的设计视图由两个部分组成,上面部分称为________,用于显示查询要使用的表或其他查询对象,对应 SELECT 语句的 FROM 子句;下半部分是________,用于确定查询结果要输出的列和查询条件等。

12. 在选择查询设计视图的设计网格中，对应于 SELECT 语句输出列的栏是________和________，对应于 ORDER BY 子句的栏是________。

13. 能够实现交叉表查询的结果集由三部分组成，分别对应交叉表的________、________和________。

14. 生成表查询实现的是 SELECT 语句的________子句。

15. 在查询中实现多表连接时，Access 实现的连接运算有________、________和________。

16. 要通过查询设计视图设计分组汇总查询，可单击工具栏中的________按钮。

17. 要实现 SELECT 查询中 DISTINCT 功能或 TOP 功能，需要设置________中________和________属性。

18. 用 SQL 的 CREATE 语句建立表结构时，用________子句定义表的主键，用________子句定义表的外键和参照表。

19. 在 SELECT 语句中，字符串匹配运算符是________，匹配符________表示零个或多个字符，________表示任何一个字符。

20. 在 SELECT 语句中，定义一个范围运算的运算符是________，检查一个属性值为空值的运算符是________。

五、简答题

1. 简述 Access 查询对象的意义和作用。简述查询对象与表的异同。

2. 什么是表达式？其作用是什么？

3. 什么是参数？在 SQL 命令中怎样定义参数？

4. SELECT 语句中，DISTINCT 与 TOP 子句有何作用？如果在选择查询的设计视图中实现，应该如何操作？

5. LIKE 运算的作用是什么？匹配符号有哪些？

6. 查询中什么是连接运算？有几种类型的连接运算？如何表达不同类型的连接？

7. 动作查询有哪几种？分别对应 SQL 的什么命令？

8. 简述交叉表的意义。

9. 保存查询对象后，能否对查询对象进行修改操作？

10. Access 有哪些特定查询？数据定义查询的作用是什么？对应哪些 SQL 语句？

11. 简述 SQL 的基本功能与特点。

12. SELECT 语句中 HAVING 子句有何作用？一定要和 GROUP 子句连用吗？

六、设计操作题

已知有如下关系：

学院(学院编号，学院名称，院长，办公电话)

专业(专业编号，专业名称，专业类别，所属学院)

学生(学号，姓名，性别，生日，民族，籍贯，简历，登记照，专业编号)

课程表(课程编号，课程名称，课程类别，学分字段)

成绩(学号，课程编号，成绩)

1. 写出完成以下要求的SQL语句。

(1) 查询全部专业的专业类别信息(不重复)。

(2) 查询“湖北”籍的学生的姓名、生日和专业。

(3) 查询“工商管理”专业所有男生信息。

(4) 查询“学院”“专业”“学生”的完整数据。

(5) 查询“高等数学”成绩在70分以上的全部学生的学号、姓名、分数。

(6) 查询平均成绩在80分以上的学生的学号、姓名和平均分。

(7) 删除没有学生选修的“专业选修”类课程数据。

(8) 查询所选课程总学分已经达到100分的学生的学号、姓名及总学分数。

(9) 将“实训”类课程的学分增加2分。

2. 通过查询设计视图,交互完成以下查询操作。

(1) 查询各专业学生的人数。

(2) 进行交叉表查询。将学生的“学号”和“姓名”作为行标题,“课程名称”作为列标题,成绩作为交叉数据,生成交叉表。

(3) 删除没有学生选修的“专业选修”类课程数据。

(4) 查询全部课程的课程类别信息(不重复)。

(5) 查询“工商管理”专业所有女生信息。

(6) 查询“数据库及其应用”成绩在80分以上的全部学生的学号、姓名、分数。

(7) 查询并输出各学院开设的课程数、平均学分和总学分。

(8) 将“实训”类课程的学分增加1分。

数据分析语言——Python

一、单选题

1. 关于 Python 语言的特点,以下选项中描述错误的是(　　)。
   A. Python 语言是非开源语言　　B. Python 语言是跨平台语言
   C. Python 语言是多模型语言　　D. Python 语言是脚本语言
2. Python 语言是一种________的________的高级编程语言。(　　)
   A. 面向对象　编译性　　B. 面向过程　解释性
   C. 面向对象　解释性　　D. 面向过程　编译性
3. 以下关于 Python 语言流行的原因,说法错误的是(　　)。
   A. Python 语法简单,代码十分容易被读写
   B. 大多数情况下 Python 代码的运行效率会高于 Java 或 C/C++ 等编译型语言
   C. Python 可以调用 C/C++、Java、C# 等语言开发的功能为自己的 Python 程序所用
   D. Python 可以在其基础库的基础上再进行开发,大大降低开发周期,避免重复造轮子
4. 在 Python 中,使用(　　)来决定代码的作用域范围。
   A. 缩进空格　　B. 小括号 ()　　C. 中括号 []　　D. 花括号 {}
5. Python 中使用(　　)作为单行注释的符号。
   A. 井号 #　　B. 单斜杠 /　　C. 双斜杠 //　　D. 星号 *
6. 以下 Python 注释代码,不正确的是(　　)。
   A. #Python 注释代码　　B. '''Python 多行注释'''
   C. """Python 文档注释"""　　D. //Python 注释代码
7. 下列选项中,符合 Python 命名规范的标识符是(　　)。
   A. 8nodeobj　　B. if　　C. _name　　D. setup.exe
8. 下面关于 Python 的标识符和关键字的说法错误的是(　　)。
   A. 标识符由字母、下画线和数字组成,且不能以数字开头
   B. Python 中的标识符可以使用关键字
   C. Python 中的标识符是区分大小写的

D. 标识符中不能包含#符号

9. 以下选项中符合Python语言变量命名规则的是(　　)。

A. *i　　B. 3_1　　C. AI!　　D. Templist

10. Python中,以下(　　)的赋值是正确的。

A. var a = 2　　B. int a = 2　　C. a = 2　　D. variable a = 2

11. (　　)不是Python语言的整数类型。

A. 0B1010　　B. 88　　C. 0x9a　　D. 0E10

12. Python不支持的数据类型是(　　)。

A. char　　B. int　　C. float　　D. string

13. 关于整数类型的4种进制表示,(　　)是正确的。

A. 二进制、四进制、八进制、十进制

B. 二进制、四进制、十进制、十六进制

C. 二进制、八进制、十进制、十六进制

D. 二进制、四进制、八进制、十六进制

14. (　　)是Python语言%运算符的含义。

A. x与y的整数商　　B. x的y次幂

C. x与y之商的余数　　D. x与y之商

15. 已知x=2,语句x*=x+3执行后,x的值是(　　)。

A. 5　　B. 6　　C. 10　　D. 14

16. 下列选项中,幂运算的符号为(　　)。

A. *　　B. ++　　C. %　　D. **

17. 下列表达式的值为True的是(　　)。

A. 4>2>2　　B. 1 and 5==0　　C. 2!=5 or 0　　D. 5+4<2-3

18. 将数学式5<x≤10表示成正确的Python表达式为(　　)。

A. 5<x≤10　　B. 5<x and x≤10

C. 5<x && x≤10　　D. x>5 or x≤10

19. 关于式子13.0//2.0,下列输出结果正确的是(　　)。

A. 1　　B. 1.0　　C. 6　　D. 6.0

20. 已知a=20,b=10,c=15,d=5,式子a+(b*c)/d运行结果正确的是(　　)。

A. 40　　B. 50　　C. 60　　D. 70

21. 列表list=[3.4,'Python',32,10],则print(list[2])的输出结果是(　　)。

A. Python　　B. 2　　C. 32　　D. 3.4

22. 列表list=[20,3.78,'Python','string',100],则print(list[5])的输出结果是(　　)。

A. 100　　B. Python　　C. string　　D. 输出错误

23. 列表list=['Python',10,3.14159,20],依次执行list.remove('Python'),list.append('Python')后,print(list[1])的结果是(　　)。

A. 3.14159　　B. Python　　C. 20　　D. 输出错误

24. 字典dict={'1':5,'2':4,'3':3,'4':2,'5':1},则dict['1']+dict['4']的结果

是(　　)。

A. 7　　B. 6　　C. 5　　D. 4

25. 设定 x1=60,x2=100,则 print(x1>70 and x2>70)的结果是(　　)。

A. True　　B. 60　　C. False　　D. 70

26. [4,5,6]+[7,8,9]的结果是(　　)。

A. 15　　B. 24

C. [11,13,15]　　D. [4,5,6,7,8,9]

27. 以下程序输出的结果是(　　)。

```
a = 1
b = 1
while a < 5:
    a += 1
    b * = 2
print(a + b)
```

A. 12　　B. 21　　C. 10　　D. 5

28. 以下程序的输出结果是(　　)。

```
score = 80
if score < 60:
    print("Your grade is C")
elif score >=  60 and score <= 80:
    print("Your grade is B")
else:
    print("Your grade is A")
```

A. Your grade is A　　B. Your grade is B

C. Your grade is C　　D. Your grade is D

29. fruit1='apple',fruit2='banana',则 print(fruit1=='banana' or fruit2=='apple' or fruit1=='apple')的结果是(　　)。

A. True　　B. False　　C. apple　　D. banana

30. list1=[1,2,3,4,5],list2=[5,4,3],则 print(len(list1)+list2[1])的结果是(　　)。

A. 10　　B. 9　　C. 8　　D. 5

31. 函数是一个可以实现特定功能的代码块,通过(　　)来调用。

A. 变量名　　B. 函数名　　C. 文件名　　D. 初始参数

32. 函数可以有________输入参数,可以有________返回值。(　　)

A. 一个或多个　多个　　B. 零个或多个　零个或一个

C. 零个或多个　零个或多个　　D. 零个或多个　多个

33. 若 k 为整型,下述 while 循环执行的次数为(　　)。

```
k = 1000
while k > 1:
```

```
print(k)
k = k/2
```

A. 9　　B. 10　　C. 11　　D. 100

34. 模块是一个包含所有自定义的(　　)和变量的文件。

A. 程序　　B. 脚本　　C. 函数　　D. 接口

35. 模块的扩展名是(　　)。

A. .py　　B. .cpp　　C. .exe　　D. .jsp

36. 采用(　　)进行模块的导入。

A. insert 语句　　B. include 语句　　C. import 语句　　D. add 语句

37. from…import 语句的语法为(　　)。

A. import module1[, module2[, … moduleN]

B. from module_name import name1[, name2[,… nameN]]

C. from module_name insert name1[, name2[, …nameN]]

D. insert module1[, module2[,… moduleN]

38. 文件的存储位置很重要,假设将某个文件存储在目录 D:\Python 中,要告诉(　　)去哪里查找这个模块。

A. Python 解释器　　B. 任务管理器　　C. Python 环境　　D. 应用程序

39. Python 的第三方模块都会在(　　)上注册。

A. EXE　　B. IDE　　C. PYPI　　D. CMD

40. 以模块 pyecharts 为例,命令行安装语句为(　　)。

A. pip -install pyecharts　　B. install pyecharts -U

C. pip install -pyecharts　　D. pip install pyecharts -U

41. Python 中使用(　　)函数输入数据。

A. cin()　　B. cout()　　C. input()　　D. scanf()

42. Python 中使用(　　)函数输出数据。

A. printf()　　B. cout()　　C. output()　　D. print()

43. 在 Python 中 input()函数接收到的数据一律为(　　)。

A. 数值型　　B. 布尔型　　C. 字符串　　D. 字符型

44. 关于 input()函数,下列说法不正确的是(　　)。

A. 它从标准输入读入一行文本

B. 默认的标准输入是键盘

C. 可以接收一个 Python 表达式作为输入

D. 不允许强制类型转换

45. 读下面的程序:

```
a = input()
b = input()
c = a + b
print(c)
```

当输入 a=10,b=20 时,输出为(　　)。

A. 30　　B. 10　　C. 20　　D. 1020

46. 下面程序中语法格式正确的是(　　)。

A. print(3')　　B. print(a)　　C. Print("a)　　D. Print("a")

47. 下面关于 print()函数的说法不正确的是(　　)。

A. print()只能打印数值数据　　B. print()只能打印非数值数据

C. print()可以打印不同的数据类型　　D. print()需要指定数据类型

48. 下面程序的运行结果为(　　)。

```
print(5 * 4)
```

A. 20.0　　B. 5 * 4　　C. 20　　D. 5

49. 下面程序中运行结果相同的一组为(　　)。

A. print(5.0 * 4)与 print(5 * 4)　　B. print("5 * 4.0")与 print(5 * 4.0)

C. print("5")与 print(5)　　D. print('a')与 print(a)

50. Notebook 环境中包括代码单元格和标签单元格,(　　)能够执行。

A. 代码单元格和标签单元格都　　B. 只有代码单元格

C. 只有标签单元格　　D. 代码单元格和标签单元格都不

二、多选题

1. 用 Python 做数据分析的主要原因有(　　)。

A. Python 是面向对象的编程

B. Python 拥有一个巨大而活跃的科学计算社区

C. Python 拥有强大的通用编程能力

D. Python 是人工智能时代的通用语言

2. 以下关于 Python 变量的说法中错误的是(　　)。

A. 在 Python 中,定义变量时需要先声明变量名及其类型

B. 变量的命名规则遵循标识符的命名规则

C. 每个变量在使用之前都必须赋值,变量只有在赋值之后才会被创建

D. 变量的定义不用区分大小写

3. 下列 Python 语句正确的是(　　)。

A. min = x if x < y else y　　B. max = x > y ? x : y

C. if (x>y) print(x)　　D. while True: pass

4. 以下(　　)是正确的字符串。

A. 'abc"ab"　　B. 'abc"ab'　　C. "abc"ab"　　D. "abc\"ab"

5. 观察以下程序,输出结果是(　　)。

```
list = ['d','c','b','a']
list.sort()
i = 0
while i < 2:
```

```
    print(list[i])
    i += 1
```

A. a　B. b　C. c　D. d

6. 以下程序的输出结果是(　　)。

```
nums = [100,50,274,385,479,178]
for num in nums:
    if (num > 100 and num < 300) or num == 479:
        print(num)
```

A. 178　B. 274　C. 385　D. 479

7. 关于函数的输入和返回值,以下说法正确的是(　　)。

A. 无参数输入,无返回值　B. 有参数输入,无返回值

C. 无参数输入,有返回值　D. 有参数输入,有返回值

8. 以下说法正确的有(　　)。

A. 通常把能够实现某一特定功能的代码放置在一个模块中作为一个文件

B. 当解释器遇到 import 语句,如果模块在当前的搜索路径就会被导入

C. Python 的 from…import 语句可以从模块中导入一个指定的部分到当前命名空间中

D. 除了内建的模块外,Python 还有大量的第三方模块

9. print()函数的输出内容包括(　　)。

A. 数字　B. 字符串　C. 函数　D. 表达式

10. AI Studio 平台的作用有(　　)。

A. AI 教程和项目工程　B. 各领域的经典数据集

C. 云端的运算力及存储资源　D. 比赛平台和社区

三、判断题

1. Python 语言允许在任何地方插入空字符或注释,也可以插入到标识符和字符串中间。(　　)

2. 比较运算符用于比较两个数,其返回的结果只能是 True 或 False。(　　)

3. 列表和元组都是可变的数据类型。(　　)

4. 任何 Python 程序都可作为模块导入。(　　)

5. AI Studio 项目采用 Python 语言编写,程序的运行环境为 Notebook。(　　)

四、编程题

1. 计算 1 到 100 的整数之和。

2. 输出 1 到 10 的偶数。

3. 输入两个数,比较大小并输出较大者。

4. 给定一个列表 list=['data','Python','Java','C++'],使用 for 循环输出列表,并检查列表中是否存在'Python'。

5. 给定一个字符串 string='Python Java 365',分别统计出其中英文字母、空格、数字的个数。

数值数据智能分析技术

一、单选题

1. 计算 NumPy 中元素个数的方法为(　　)。

A. np. sqrt()　　B. np. size()　　C. np. identity()　　D. np. identity()

2. 已知 c = np. arange(24). reshape(3,4,2) 那么 c. sum(axis = 0)所得的结果为(　　)。

A. array([[12, 16],[44, 48],[76, 80]]) (列 0,行 1)

B. array([[1, 5, 9, 13],[17, 21, 25, 29],[33, 37, 41, 45]])

C. array([[24, 27], [30, 33],[36, 39],[42, 45]])

D. 以上都不对

3. 有数组 n = np. arange(24). reshape(2,−1,2,2),n. shape 的返回结果是(　　)。

A. (2,3,2,2)　　B. (2,2,2,2)　　C. (2,4,2,2)　　D. (2,6,2,2)

4. NumPy 中创建全为 0 的矩阵使用(　　)。

A. zeros　　B. ones　　C. empty　　D. arange

5. NumPy 中向量转换为矩阵使用(　　)。

A. reshape　　B. reval　　C. arange　　D. random

6. NumPy 中矩阵转换为向量使用(　　)。

A. reshape　　B. resize　　C. arange　　D. random

7. 在使用 Pandas 时需要导入(　　)。

A. import Pandas as pd　　B. import sys

C. import Matplotlib　　D. import NumPy as np

8. df. tail()函数用来(　　)。

A. 创建数据　　B. 展现数据　　C. 分析数据　　D. 查找数据

9. df. min()函数用来(　　)。

A. 找寻元素最小值　　B. 找寻每行最小值

C. 找寻每列最小值　　D. 找寻每列最大值

10. 最简单的 Series 是由(　　)的数据构成。

A. 一个数组　　B. 两个数组　　C. 三个数组　　D. 任意多个数组

11. from Pandas import DataFrame 这个语句的含义是(　　)。

A. 从 Pandas 库导入 DataFrame 库　　B. 从 Pandas 库导入 DataFrame 类

C. 从 DataFrame 库导入 Pandas 类　　D. 从 DataFrame 类导入 Pandas 类

12. 下面关于数据更新的说法中,错误的是(　　)。

A. drop 可以删除行,也可以删除列　　B. append 只能在最后一行后添加新行

C. update 可以更新数据行　　D. insert 可以在任何行前后添加新行

13. 下面关于排序和选择的说法中,错误的是(　　)。

A. 先排序再选择和先选择后排序效果一样,因为选择不会改变排序的次序

B. 先排序再选择和先选择后排序效果并不一样,比如先排序再选择会导致排序失效

C. 排序和选择功能各不一样,选择重点在于挑选所有满足条件的行,而排序重点关注首尾行

D. 排序和选择都可以根据索引号来进行

14. 下面关于分组聚合的说法中,正确的是(　　)。

A. 聚合函数不能单用,只能结合分组使用

B. 分组后聚合和先聚合后分组效果一样

C. 为了更快地分组聚合,必须首先对数据排序

D. 分组聚合的结果行数量与组的个数一样

15. 创建一个 3×3 的数组,下列代码中错误的是(　　)。

A. np.arange(0,9).reshape(3,3)　　B. np.eye(3)

C. np.random.random([3,3,3])　　D. np.mat("123;456;789")

16. 下列关于 Pandas 数据读写的说法错误的是(　　)。

A. read_csv()能够读取所有文本文档的数据

B. read_sql()能够读取数据库的数据

C. to_csv()函数能够将结构化数据写入 CSV 文件

D. to_excel()函数能够将结构化数据写入 Excel 文件

17. 下列 loc、iloc、ix 属性的说法正确的是(　　)。

A. df.loc['列名','索引名'];df.iloc['索引位置','列位置']; df.ix['索引位置','列名']

B. df.loc['索引名','列名'];df.iloc['索引位置','列名']; df.ix['索引位置','列名']

C. df.loc['索引名','列名'];df.iloc['索引位置','列名']; df.ix['索引名','列位置']

D. df.loc['索引名','列名'];df.iloc['索引位置','列位置']; df.ix['索引位置','列位置']

18. 下列关于 groupby()函数的说法正确的是(　　)。

A. groupby()能够实现分组聚合

B. groupby()的结果能够直接查看

C. groupby()是 Pandas 提供的一个用来分组的方法

D. groupby()函数是 Pandas 提供的一个用来聚合的方法

19. 下列关于分组聚合的说法错误的是(　　)。

A. Pandas 提供的分组和聚合函数分别只有一个

B. Pandas 分组聚合能够实现组内标准化

C. Pandas 聚合时能够使用 agg()、apply()、transform()方法

D. Pandas 分组函数只有一个,即 groupby()

20. 使用 pivot_table()函数制作透视表,用下列(　　)参数设置行分组键。

A. index　　B. raw　　C. values　　D. data

21. 以下关于绘图标准流程的说法错误的是(　　)。

A. 绘制最简单的图形可以不用创建画布

B. 添加图例可以在绘制图形之前

C. 添加 x 轴、y 轴的标签可以在绘制图形之前

D. 修改 x 轴标签、y 轴标签和绘制图形没有先后

22. 下列代码中绘制散点图的是(　　)。

A. plt. scatter(x,y)　　B. plt. plot(x,y)

C. plt. legend('upper left')　　D. plt. xlabel('散点图')

23. 下列字符串表示 plot()函数的线条颜色、点的形状和类型为红色五角星短虚线的是(　　)。

A. 'bs－'　　B. 'go－.'　　C. 'r＋－.'　　D. 'r＊:'

24. 下列说法中正确的是(　　)。

A. 散点图不能在子图中绘制

B. 散点图的 x 轴刻度必须为数值

C. 折线图可以用作查看特征间的趋势关系

D. 箱线图可以用来查看特征间的相关关系

25. 有一份数据,需要查看数据的类型,并将部分数据做强制类型转换,以及对数值型数据做基本的描述性分析。下列步骤和方法正确的是(　　)。

A. dtypes 查看类型,astype 转换类别,describe 描述性统计

B. astype 查看类型,dtypes 转换类别,describe 描述性统计

C. describe 查看类型,astype 转换类别,dtypes 描述性统计

D. dtypes 查看类型,describe 转换类别,astype 描述性统计

26. 下列关于 concat()函数、append()函数、merge()函数和 join()函数的说法正确的是(　　)。

A. concat()函数是最常用的主键合并的函数,能够实现内连接和外连接

B. append()函数只能用来做纵向堆叠,适用于所有纵向堆叠情况

C. merge()函数是最常用的主键合并的函数,但不能够实现左连接和右连接

D. join()函数是常用的主键合并方法之一,但不能够实现左连接和右连接

27. 以下关于 ndarry(数组)的属性说明错误的是(　　)。

A. ndim 表示数组的维数　　B. shape 表示数组的尺寸

C. size 表示数组的尺寸　　D. dtype 表示数组中元素的类型

28. 代码 print(type([1,2]))的输出结果为(　　)。

A. < class 'tuple'>　　B. < class 'int'>

C. < class 'set'>　　D. < class 'list'>

29. 以下代码的输出结果为(　　)。

```
def f(): pass
print(type(f()))Copy
```

A. < class 'function'>　　B. < class 'tuple'>

C. < class 'NoneType'>　　D. < class 'str'>

30. (1,2,3,5,7,11,13) 的数据类型是(　　)。

A. list　　B. tuple　　C. set　　D. dict

31. 以下代码的输出结果是(　　)。

```
a = np.arange(10,20)
a[::-1]
```

A. array([10, 11, 12, 13, 14, 15, 16, 17, 18, 19])

B. array([19, 18, 17, 16, 15, 14, 13, 12, 11, 10])

C. array([10, 11, 12, 13, 14, 15, 16, 17, 18])

D. array([20,19, 18, 17, 16, 15, 14, 13, 12, 11])

32. 关于图片保存,以下说法正确的是(　　)。

A. 图片保存需要在图片展示之前　　B. 图片保存需要在图片展示之后

C. 图片保存与图片展示顺序没有要求　　D. 以上都不正确

33. 绘制柱状图的函数是(　　)。

A. Matplotlib . pyplot. pie()　　B. Matplotlib . pyplot. bar()

C. Matplotlib . pyplot. plot()　　D. Matplotlib . pyplot. scatter()

34. 以下(　　)代码表示添加图例。

A. plt. legend()　　B. plt. title()

C. plt. show()　　D. plt. figure()

35. 以下关于直方图与条形图的描述错误的是(　　)。

A. 直方图的各矩形通常是连续排列,而条形图是分开排列

B. 条形统计图中,横轴上的数据是孤立的;直方图中,横轴上的数据是连续的

C. 条形统计图中,横轴上的数据是一个范围;直方图中,横轴上的数据是一个具体的数据

D. 条形统计图使用条形的高度表示频数的大小,而直方图是用长方形的面积表示频数

36. 以下关于动态 rc 参数中线条标记解释错误的是(　　)。

A. 'o' 圆圈　　B. 'D' 菱形　　C. '*' 星号　　D. '.' 圆圈

二、多选题

1. NumPy 提供的两种基本对象是(　　)。

A. array　　B. ndarray　　C. ufunc　　D. matrix

2. Pandas 提供的基本类型是(　　)

A. array　　B. ndarray　　C. series　　D. dataframe

3. Pandas 支持导入导出的数据文件包括(　　)。

A. CSV　　B. Excel　　C. JSON　　D. SQL

4. describe()函数能进行简单的统计,包括(　　)。

A. count　　B. mean　　C. std　　D. max

5. DataFrame 对象是一个二维表格,由(　　)组成。

A. 索引　　B. 列名　　C. 值　　D. 行

6. merge()函数可以根据一个或多个列将不同数据表中的行连接起来,两张表的连接选项包括(　　)。

A. left　　B. right　　C. outer　　D. inner

7. Matplotlib 可以绘制的图表包括(　　)。

A. 折线图　　B. 散点图　　C. 雷达图　　D. 四维图

三、判断题

1. 扩展库 Pandas 的 read_csv()函数用于读取 CSV 文件中的数据并创建 DataFrame 对象。(　　)

2. Python 扩展库 Matplotlib 不依赖于扩展库 NumPy 和标准库 Tkinter。(　　)

3. 在 Series 中,可以通过 sort_index()函数对索引进行排序,默认情况为升序。(　　)

4. 分组是使用特定的条件将元数据进行划分为多个组。聚合是对每个分组中的数据执行某些操作,最后将计算结果进行整合。(　　)

5. Series 如同一个三维数组,Datafarme 如同一个表格。(　　)

6. NumPy 中产生全 1 的矩阵,使用的方法是 empty()。(　　)

7. Series 和 DataFrame 是 Pandas 包中的数据结构,Series 是二维数组,DataFrame 是表格。(　　)

8. 已知代码如下:

```
import Pandas as pd,
s2 = pd.Series([25,23,42,21,23],index = ['Jack','Lucy','Helen','Milky','Jasper'])
```

则 23 in s2 的执行结果为 False。(　　)

9. df1 = pd.DataFrame([[5, 2, 3], [4, 5, 6],[7,8,9]], index=['A', 'B','D'], columns=['C1', 'C2', 'C3']),其中 df1.loc[2:1]=8。(　　)

10. Pandas 中 head(n)的意思是获取最后的 n 行数据。(　　)

11. Matplotlib 不可以绘制的三维图表。(　　)

四、简答题

1. Pandas/Python Pandas 是什么?

2. Pandas 中有哪些不同类型的数据结构？
3. Pandas Series 是什么？
4. 在 Pandas 中 DataFrame 是什么？
5. 解释说明在 Pandas 中重新编制索引是什么。
6. 用于创建散点图矩阵的 Pandas 库的函数名称是什么？
7. 什么是 NumPy 数组？

文本数据智能分析

一、单选题

1. requests. get()方法请求指定的页面信息，下面说法正确的是(　　)。
   A. get()方法返回页面的 HTML 脚本
   B. get()方法返回一个 response 对象
   C. get()方法返回页面内容构成的字符串
   D. get()方法返回一个 requests 对象
2. 以下关于 Python 的控制结构，错误的是(　　)。
   A. 每个 if 条件后要使用冒号(:)
   B. 在 Python 中，没有 switch-case 语句
   C. Python 中的 pass 是空语句，一般用作占位语句
   D. elif 可以单独使用
3. 创建 Series 对象时，可以使用(　　)参数为对象指定字符串类型的索引。
   A. index　　B. columns　　C. col　　D. name
4. 以下关于列表操作的描述，错误的是(　　)。
   A. 通过 append()方法可以向列表添加元素
   B. 通过 extend()方法可以将另一个列表中的元素逐一添加到列表中
   C. 通过 insert(index,object)方法在指定位置 index 前插入元素 object
   D. 通过 add()方法可以向列表添加元素
5. 对 jieba. cut(s)函数分词功能描述正确的是(　　)。
   A. 全模式分词　　B. 搜索引擎模式分词
   C. 精确模式分词　　D. 自由模式分词
6. 利用 print()格式化输出，(　　)用于控制浮点数的小数点后两位输出。
   A. {.2f}　　B. {.2}　　C. {:.2f}　　D. {:.2}
7. 在 Matplotlib 子图绘制中，若执行 plt. subplot(2,3,4)，则当前的绘图子区域索引号是(　　)。
   A. 2　　B. 3　　C. 4　　D. 6
8. requests 库的 get()函数执行后会返回一个 Response 类型的对象，其 text 属性以

(　　)形式存储响应类容。

A. 网页　　B. 字符串　　C. 整数　　D. 文本

9. 在 Python 中,用于获取用户输入的函数是(　　)。

A. get()　　B. eval()　　C. print()　　D. input()

10. 以下(　　)不是 Python 语言合法命名。

A. MyGod5　　B. *MyGod*　　C. 5MyGod　　D. MyGod

11. 字符串是一个字符序列,给定字符串 s,以下表示 s 从右向左第 3 个字符的是(　　)。

A. s[0:-3]　　B. s3　　C. s[:-3]　　D. s [3]

12. WordCloud.WordCloud()函数中的参数 mask 用来设置(　　)。

A. 词云的颜色　　B. 词云的尺寸

C. 词云的遮罩形状　　D. 词云的坐标

13. 以下关于 Python 语言中"缩进"的说法正确的是(　　)。

A. 缩进统一为 4 个空格

B. 缩进在程序中长度统一且强制使用

C. 缩进可以用在任何语句之后,表示语句间的包含关系

D. 缩进是非强制的,仅为了提高代码可读性

14. 关于 Python 组合数据类型,以下描述错误的是(　　)。

A. 序列类型是二维元素向量,元素之间存在先后关系,通过序号访问

B. 组合数据类型能够将多个相同类型或不同类型的数据组织起来,通过单一的表示使数据操作更有序、更容易

C. Python 的字符串、元组和列表类型都属于序列类型

D. 组合数据类型可以分为 3 类:序列类型、集合类型和映射类型

15. 关于大括号,以下描述正确的是(　　)。

A. 直接使用{}将生成一个元组类型　　B. 直接使用{}将生成一个集合类型

C. 直接使用{}将生成一个列表类型　　D. 直接使用{}将生成一个字典类型

16. 关于 Python 的元组类型,以下选择错误的是(　　)。

A. 元组中元素必须是相同类型

B. 元组一旦创建就不能被修改

C. 一个元组可以作为另一个元组的元素,可以采用多级索引获取信息

D. 元组采用逗号和圆括号(可选)来表示

17. 通过 jieba 分词,下面(　　)可以实现统计每个词出现的频率,存放在字典 counts 中。

A.
```
counts = {}
    for word in words:
        counts[word] = = counts.find(word.0) + 1
```

B.
```
counts = {}
    for word in words:
        counts[word] = = counts.get(word.0) + 1
```

C.
```
counts = {}
    for word in words:
        counts[word] = = counts.get(word.0)
```

D.
```
counts = {}
    for word in words:
        counts[word] = = counts.find(word.0)
```

18. S 和 T 是两个集合，对 S^T 的描述正确的是（　　）。

A. S 和 T 的补运算，包括集合 S 和 T 中的非相同元素

B. S 和 T 的差运算，包括在集合 S 但不在 T 中的元素

C. S 和 T 的交运算，包括同时在集合 S 和 T 中的元素

D. S 和 T 的并运算，包括在集合 S 和 T 中的所有元素

19. 在生成词云的过程中，（　　）参数可以改变词云的形状，将词云按照给定图片的样式进行填充。

A. background_color　　B. mask

C. font_path　　D. max_words

20. 下面（　　）语句可以实现将生成的词云 wcloud 保存至计算机中。

A. wcloud.save("1.jpg")　　B. wcloud.to_save("1.jpg")

C. wcloud.to_file("1.jpg")　　D. wcloud.save_file("1.jpg")

二、多选题

1. 浏览器中输入的统一资源定位符通常包含（　　）信息。

A. 网络协议　　B. 服务器主机　　C. 文件路径　　D. 发送数据

2. 遍历解析的时候可能会出现的三种路径是（　　）。

A. 自上而下遍历　　B. 水平遍历　　C. 自下而上遍历　　D. 全文遍历

3. 要想获取某个标签 p 的 class 属性值，可用（　　）。

A. p.attrs.class　　B. p['class']

C. p.class　　D. p.attrs['class']

4. HTML 是指超文本标记语言，下面的说法中正确的是（　　）。

A. HTML 不是一种编程语言

B. 标记语言由一系列标签构成

C. HTML 使用标记标签来描述网页

D. 所有的网页都是由 HTML 脚本构成的文件

5. 以下有关异常的说法错误的是（　　）。

A. 程序中抛出异常不一定终止程序　　B. 程序中抛出异常必定导致程序终止

C. 拼写错误必定导致程序终止　　D. 缩进错误必定导致程序终止

6. 关于 NumPy 中的统计函数的描述正确的是（　　）。

A. axis()函数设置统计的方向

B. cumsum()函数的作用是按指定方向求所有元素的和

C. argmin()函数按指定轴返回数组中最小元素对应的索引号构成的数组

D. argmin()函数按指定轴返回数组中最大元素对应的索引号构成的数组

7. 若有数组 a=np. arrange(12),则下面选项正确的是(　　)。

A. a. reshape((2,6))可使数组 a 的形状发生改变

B. a. reshape((2,6))不能改变数组 a 的形状,但可以得到一个 2 行 6 列的二维数组

C. a. resize((2,6))可以改变数组 a 的形状

D. a. resize((2,6))不能改变数组 a 的形状,但可以得到一个 2 行 6 列的二维数组

8. 以下关于 pyplot 库的相关属性的描述,正确的是(　　)。

A. xlim 和 ylim 可设置 x 轴和 y 轴的取值范围

B. xticks 可缩放 x 轴

C. text 可设置图例

D. title 可为图表添加标题

9. 关于绘图函数 plt. plot(x,x,"r * :"),下面说法正确的是(　　)。

A. 在坐标系中绘制一条与 x 轴平行的直线

B. 在坐标系中绘制一条与 x 轴夹角为 45°的直线

C. 直线为红色,点为星号

D. 直线为虚线

10. 以下关于语句 np. savetxt('data_txt. txt',data,fmt='%6d')的描述正确的是(　　)。

A. savetxt()函数可将文本文件中的数据保存到数组 data

B. savetxt()函数可将数组 data 写入到文本文件

C. fmt 可设定数据写入的格式

D. 若要写入的数据之间用","分割,可设定参数 demiliter=","

三、填空题

1. open()函数的常用形式的两个参数分别是________和________。

2. open()函数中以只读方式打开文件的 mode 参数为________。

3. 函数定义以________开始,最后以________结束。

4. file. readlines([size]) 读取所有行时返回值是________类型。

5. 使用 open()方法打开文件时,必须调用________关闭文件。

6. Python 包含了众多模块,通过________语句可以导入模块,并使用其定义的功能。

7. 正则表达式模块 re 的________方法用来编译正则表达式对象。

8. 正则表达式模块 re 的________方法用来在字符串开始处进行指定模式的匹配。

9. 正则表达式模块 re 的________方法用来在整个字符串中进行指定模式的匹配。

10. 表达式 list(filter(None, [0,1,2,3,0,0])) 的值为________。

四、判断题

1. 在 Matplotlib 子图绘制中,若执行 plt. subplot(3,2,4),则当前的绘图子区域索引号是 3。(　　)

2. 使用内置函数 open()且以"w"模式打开的文件,文件指针默认指向文件尾。(　　)

3. 网络爬虫可以自动抓取网络数据。 ( )

4. 执行 requests 库提供的 get()函数会返回一个 Response 类型的对象,Response 对象中包含了服务器的一小部分响应数据。 ( )

5. CSV 文件本质上也是文本文件,可以用记事本或者 Excel 打开。 ( )

6. DataFrame 的 max()函数将返回所有列是数值类型的最大值。 ( )

7. Matplotlib 中设置 y 轴刻度标签可以使用 ylabel()函数。 ( )

8. WordCloud 库生成词云有两种方法:文本生成和图片生成。 ( )

9. 带有 else 子句的异常处理结构,如果不发生异常则执行 else 子句的代码。 ( )

10. WordCloud.WordCloud()函数中的参数 max_words 是设置要显示的词的最大个数。 ( )

五、简答题

1. 词频统计的含义是什么?

2. 可以用哪些方法除去干扰词?

3. 词云分析是如何进行的?

4. 文本挖掘的过程由哪几个环节组成?这些环节分别负责哪些工作?

5. 如何控制词云图实现最大单词数?

6. 众所周知,停用词库可以使用 WordCloud 库本身携带的,也可以使用从网上下载的。如果处理的文件内容都是中文,停用词库还能使用 WordCloud 库本身携带的吗?

7. from 语句和 import 语句有什么关系?

8. 简要描述 Python 中单引号、双引号、三引号的区别。

9. 什么是网络爬虫?

10. Python 中常用的统计作图函数有哪些?分别有什么作用。

六、文件操作题

1. 编写程序,用户输入一个目录和一个文件名,搜索该目录及其子目录中是否存在该文件。

```
import sys
import os
directory = sys.argv[1]
filename = sys.argv[2]
paths = os.walk(directory)
for root,dirs,files in paths:
    if ________:
        print('Yes')
        ________
    else:
        print('No')
```

2. 编写程序，将包含学生成绩的字典保存为二进制文件，然后再读取内容并打印。

```
import ________
d = {'张三':98,'李四':90,'王五':100}
f = open('score.dat','wb')
pickle.dump(1,f)
pickle.dump(d,f)
f.close()
f = open('score.dat','rb')
pickle.load(f)
d = pickle.load(f)
f.close()
________
```

3. 使用搜索引擎模式来对“这几天的天气真是太好了，周六我们一起出去野餐吧，天气预报说周六可能会下雨，我们应该去不了。”进行分词，将分词的结果利用停用词词典stopwords.txt去除停用词，并输出结果。

```
import jieba
s1 = "这几天的天气真是太好了，周六我们一起出去野餐吧，天气预报说周六可能会下雨，我们应该
去不了。"
result1 = jieba.________
file = open("stopwords.txt",'r',encoding = 'utf-8')
s = file.readline()
while s:
    #当所有停用词词典中的词遍历完毕后才退出循环
    for item in ________:
        if item == s:
            index = result1.index(item) #找到停用词在 result1 中的坐标
            result1.pop(index) #弹出
    s = ________ #继续读入
print("去除停用词后的结果为：",result1)
```

4. 编写网络爬虫，从指定网站爬取已知图片，并将图片按原名称保存在D://pics//目录下。若保存成功，则打印文件保存成功；若图片已存在，则打印文件已存在；若出现异常，则打印爬取失败。

```
import requests
import os
URL = "http://www.3snews.net/uploadfile/2015/1231/20151231102915312.jpg"
root = ________
path = root + URL.split('/')[-1]
try:
    if not os.path.exists(root):
        os.mkdir(root)
    if not os.path.exists(path):
        r = ________
```

```
            with open(path,'wb') as f:
                f.write(r.content)   #r.content 表示返回内容的二进制形式,然后写入到文件
                ________
                print("文件保存成功")
        else:
            print("文件已存在")
except:
    print("爬取失败")
```

5. 从D盘指定位置读取"红楼梦.txt文件",对文本内容进行分词处理后,统计其中出现频率前30的词。

```
import jieba
f = open("D://红楼梦//红楼梦.txt", "r", encoding = 'utf-8')
content = f.read()
f.close()
words = ________
box = {}
for word in words:
    if len(word) > 1:
        if word in ________:
            box[word] += 1
        else:
            box[word] = 1
hist = list(box.items())
hist.________(key = lambda x: x[1], reverse = True)   #排序
for i in range(30):                                   #打印
  word, count = ________
  print (u"{0:<10}{1:>5}".format(word, count))
```

人工智能数据分析方法

一、单选题

1. 线性回归能完成的任务是(　　)。

A. 预测离散值　　B. 预测连续值　　C. 分类　　D. 聚类

2. 下列两个变量之间的关系中,(　　)是线性关系。

A. 学生的性别与他(她)的数学成绩　　B. 人的工作环境与他的身体健康状况

C. 儿子的身高与父亲的身高　　D. 正方形的边长与周长

3. 产量(x,台)与单位产品成本(y,元/台)之间的回归方程为 y=356-1.5x,这说明(　　)。

A. 产量每增加一台,单位产品成本增加 356 元

B. 产品每增加一台,单位产品的成本减少 1.5 元

C. 产量每增加一台,单位产品的成本平均增加 356 元

D. 产量每增加一台,单位产品成本平均减少 1.5 元

4. 在其他条件不变的前提下,以下(　　)容易引起机器学习中的过拟合问题。

A. 增加训练集量

B. 减少神经网络隐藏层节点数

C. 删除稀疏的特征

D. SVM 算法中使用高斯核/RBF 核代替线性核

5. 假定在神经网络中的隐藏层中使用激活函数 X,在特定神经元给定任意输入,会得到输出[-0.0001],X 可能是(　　)。

A. ReLU()　　B. tanh()　　C. Sigmoid()　　D. 以上均不是

6. 若想在大数据集上训练决策树,为了使用较少时间,可以(　　)。

A. 增加树的深度　　B. 增加学习率 (Learning Rate)

C. 减少树的深度　　D. 减少树的数量

7. 假如使用非线性可分的 SVM 目标函数作为最优化对象,则通过(　　)保证模型线性可分。

A. 设 C=1　　B. 设 C=0

C. 设 C 为无穷大　　D. 以上都不对

8. 以下说法正确的是( )。

A. 一个机器学习模型,如果有较高的准确率,总是说明这个分类器是好的

B. 如果增加模型复杂度,那么模型的测试错误率总是会降低

C. 如果增加模型复杂度,那么模型的训练错误率总是会降低

D. 不可以使用聚类“类 id”作为一个新的特征项,然后再用监督学习分别进行学习

9. 在训练神经网络时,损失函数(Loss)在最初几轮训练中没有下降,可能是因为( )。

A. 学习率太低　　B. 正则参数太高

C. 陷入局部最小值　　D. 以上都有可能

10. 下列方法中,( )算法不可以直接来对文本分类。

A. K-Means　　B. 决策树

C. 支持向量机　　D. KNN

11. 一般来说,下列方法中,( )方法常用来预测连续独立变量。

A. 线性回归　　B. 逻辑回归

C. 线性回归和逻辑回归都行　　D. 以上说法都不对

12. 构建一个最简单的线性回归模型需要( )个系数(只有一个特征)。

A. 1　　B. 2　　C. 3　　D. 4

13. 下列说法中,( )是正确的。

A. 事物的特征越多,越有利于机器学习

B. 机器学习是实现人工智能的唯一方法

C. 机器学习跟人类学习的方式完全一样

D. 无监督学习不需要进行数据标注

14. 下列选项中,( )没有采用类似机器学习的思想。

A. 神农尝百草　　B. 瑞雪兆丰年

C. 日照香炉生紫烟,遥看瀑布挂前川　　D. 早晨棉絮云,午后必雨淋

15. 训练分类器的最终目的是( )。

A. 提高分类器分类操作速度

B. 发现分类器的分类错误

C. 使分类模型最优化,并能正确分类新的未知样本

D. 探索分类器设计的技巧和方法

16. 在某一神经网络的输出层后面添加层次,原来的输出层变成( )。

A. 输入层　　B. 隐含层　　C. 输出层　　D. 卷积层

17. 下列关于神经网络的说法正确的是( )。

A. 神经网络的只能求解线性分类问题

B. 训练神经网络实质上是复杂函数求参数最优解的过程

C. 增加神经网络的层数与增加每层神经元的个数效果一样

D. 神经网络不能进行二分类,可以实现三分类

18. 下列有关泛化误差的描述,正确的是( )。

A. 泛化误差是在训练前期阶段样本学习时的重要评价指标

B. 过拟合会导致泛化误差增加,欠拟合会导致泛化误差下降

C. 泛化误差是评估学习模型泛化能力的重要指标

D. 模型学习过程中,可以通过增加训练样本等手段避免泛化误差

19. 下列不影响模型的过拟合或者欠拟合因素的是(　　)。

A. 设置模型的复杂度　　B. 训练数据的选择

C. 引入更多的特征　　D. 训练机器的效率

20. 下列评价指标中,不可用于分类模型的评估的是(　　)。

A. 错误率　　B. 精度　　C. 均方误差　　D. 召回率

二、多选题

1. 下列描述中,对梯度解释正确的是(　　)。

A. 梯度是一个向量,有方向有大小

B. 求梯度就是对梯度向量的各个元素求偏导

C. 梯度只有大小没有方向

D. 梯度只有方向没有大小

2. 假设要解决一个二类分类问题，在已建立好模型的基础上，输出0或1，初始时将概率估计的阈值设置为0.5，如果超过该阈值大于0.5，则判别为1；否则判别为0。如果现在用另一个大于0.5的阈值,那么下列关于模型的说法，正确的是(　　)。

A. 模型分类的召回率会降低或不变　　B. 模型分类的召回率会升高

C. 模型分类准确率会升高或不变　　D. 模型分类准确率会降低

3. 在有监督学习中,使用聚类方法的正确做法是(　　)。

A. 可以先创建聚类类别,然后在每个类别上用监督学习分别进行学习

B. 可以使用聚类“类别标号”作为一个新的特征项,然后再用监督学习分别进行学习

C. 在进行监督学习之前,不能新建聚类类别

D. 不可以使用聚类“类别标号”作为一个新的特征项,然后再用监督学习分别进行学习

4. 下列描述中,错误的是(　　)。

A. SVM是这样一个分类器,它寻找具有最小边缘的超平面,因此它也经常被称为最小边缘分类器

B. 在聚类分析中,簇内的相似性越大,簇间的差别越大,聚类的效果越好

C. 在决策树中,随着树中节点变得太大,即使模型的训练误差还在继续减低,但是检验误差开始增大,这是出现了模型拟合不足的问题

D. 聚类分析可以看作是一种非监督的分类

5. 假设目标遍历的类别非常不平衡,即主要类别占据了训练数据的99%,现在你的机器学习模型在训练集上表现为99%的准确度,那么下列说法中,正确的是(　　)。

A. 准确度并不适合衡量不平衡类别问题

B. 准确度适合衡量不平衡类别问题

C. 精确度和召回率适合衡量不平衡类别问题

D. 精确度和召回率不适合衡量不平衡类别问题

6. 下列方法中,可以用来减小过拟合的是(　　)。

A. 更多的训练数据　　B. 正则化

C. Dropout　　D. 减小模型的复杂度

7. 下面三张图展示了对同一训练样本,使用不同的模型拟合的效果(曲线)。那么可以得出的结论是(　　)。

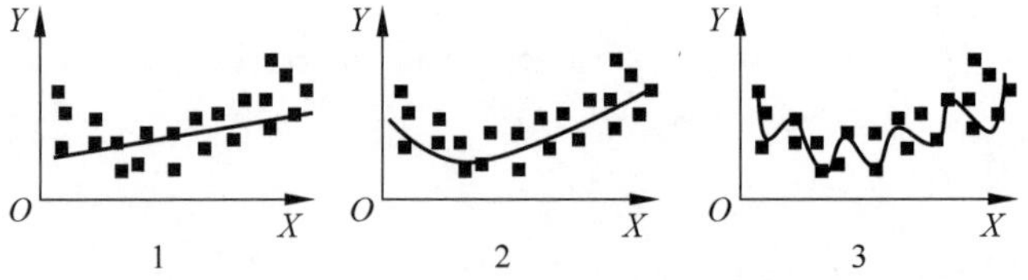

A. 第 1 个模型的训练误差大于第 2 个、第 3 个模型

B. 最好的模型是第 3 个,因为它的训练误差最小

C. 第 2 个模型最为健壮,因为它对未知样本的拟合效果最好

D. 第 3 个模型发生了过拟合

E. 所有模型的表现都一样,因为并没有看到测试数据

8. 关于神经网络,下列说法中正确的是(　　)。

A. 增加网络层数,可能会增加测试集分类错误率

B. 增加网络层数,一定会增加训练集分类错误率

C. 减少网络层数,可能会减小测试集分类错误率

D. 减少网络层数,一定会减小训练集分类错误率

三、判断题

1. 回归问题属于无监督学习的一种方法。(　　)

2. 当训练数据过少时容易发生过拟合。(　　)

3. 已知回归函数 A 和 B,如果 A 比 B 简单,则 A 一定会比 B 在测试集上表现好。(　　)

4. 关于欠拟合,训练误差较小,测试误差较大。(　　)

5. 对于神经网络,增加层数一定减小训练误差。(　　)

6. 准确率是检索出相关文档数与检索出的文档总数的比率,衡量的是检索系统的查准率。(　　)

7. 召回率是指检索出的相关文档数和文档库中所有的相关文档数的比率,衡量的是检索系统的查全率。(　　)

8. 正确率、召回率和 F 值取值都是在 0 和 1 之间,数值越接近 0,查准率或查全率就越高。(　　)

9. 一个 SVM 存在欠拟合问题,增大惩罚参数 C 能够提高模型的性能。(　　)

10. 回归问题和分类问题都有可能发生过拟合。(　　)

11. 对回归问题和分类问题的评价,最常用的指标都是准确率和召回率。(　　)

12. 给定 n 个数据点,如果其中一半用于训练,另一半用于测试,则训练误差和测试误差之间的差别会随着 n 的增加而减小。(　　)

13. 输出变量为有限个离散变量的预测问题是回归问题；输出变量为连续变量的预测问题是分类问题。 ( )

14. 一个机器学习模型，如果有较高准确率，总是说明这个分类器是好的。 ( )

15. 如果增加模型复杂度，那么模型的测试错误率总是会降低。 ( )

16. 不可以使用聚类“类别 id”作为一个新的特征项，然后再用监督学习分别进行学习。 ( )

17. 如果一个训练好的模型在测试集上有100%的准确率，这意味着在一个新的数据集上也会有同样好的表现。 ( )

18. 聚类算法中不需要给出标签 y。 ( )

19. 如果线性回归模型完美地拟合了训练样本(训练样本误差)，则测试样本误差始终为零。 ( )

20. 利用机器学习解决分类问题，其目标是不断提高训练集的分类准确率。 ( )

21. 机器学习最终的目标是提高学习模型的泛化能力。 ( )

四、简答题

1. 简述机器学习的概念。
2. 简述何为监督学习和无监督学习，并说明其差异。
3. 简述监督学习的基本过程，并分别说明每个环节是怎么做的。
4. 训练集、验证集和测试集各用在机器学习的什么环节？它们之间的样本能重复吗？
5. 简述支持向量机模型分类的基本思想。
6. 何为机器学习中欠拟合和过拟合现象？请简要说明。
7. 如何改善机器学习中的过拟合现象？请列举出 3 个以上的策略。
8. 简述分类、回归分析的概念，并说说它们的区别。
9. 决策树模型的核心问题是什么？在 ID3、C4.5 算法中分别是如何解决的？
10. 简述支持向量机模型中核函数的概念及作用。
11. B-P 学习算法有哪两个阶段？简述每个阶段的任务。
12. 简述卷积神经网络的一般结构，并说明每一层的主要作用。
13. 简述 K-Means 聚类的基本思想。

图书资源支持

感谢您一直以来对清华版图书的支持和爱护。为了配合本书的使用，本书提供配套的资源，有需求的读者请扫描下方的“书圈”微信公众号二维码，在图书专区下载，也可以拨打电话或发送电子邮件咨询。

如果您在使用本书的过程中遇到了什么问题，或者有相关图书出版计划，也请您发邮件告诉我们，以便我们更好地为您服务。

我们的联系方式：

地　　址：北京市海淀区双清路学研大厦 A 座 714

邮　　编：100084

电　　话：010-83470236　010-83470237

客服邮箱：2301891038@qq.com

QQ：2301891038（请写明您的单位和姓名）

资源下载：关注公众号“书圈”下载配套资源。

资源下载、样书申请

书圈

获取最新书目

观看课程直播